Y Flwyddyn Cadw Gwenyn

Lynfa Davies,
Meistr mewn Gwenyna, NDB

Y Flwyddyn Cadw Gwenyn

gan Lynfa Davies

ISBN: 978-1-914934-80-3

Cyhoeddwyd yn 2024 gan Northern Bee Books, Scout Bottom Farm, Mytholmroyd, Hebden Bridge HX7 5JS (DU). 01422 882751.

Dyluniwyd y llyfr gan www.SiPat.co.uk.

Cynnwys

Rhagymadrodd

Mae cadw gwenyn yn hobi hynod ddiddorol a gwerth chweil, ond mae hefyd yn gallu codi ofn ar lawer o wenynwyr newydd. Er bod gwenyn yn dda iawn am ofalu amdanyn nhw eu hunain ar y cyfan, bydd eu lles a'u cynhyrchiant yn ganlyniad uniongyrchol i'r pethau rydych chi'n eu gwneud. Sut rydych chi'n gwybod beth i'w wneud a phryd? A sut rydych chi'n gwybod beth i'w ddisgwyl?

Mae'r llyfr hwn wedi'i rannu'n adrannau misol i roi syniad i chi o drefn y digwyddiadau drwy gydol y flwyddyn a sut i gynllunio ar eu cyfer. Er enghraifft, pryd mae'n fwyaf tebygol bod rhaid rheoli heidio a pha offer y dylech chi eu paratoi? Pwnc pwysig arall, sy'n cael sylw ym mis Ebrill, yw'r hyn i chwilio amdano wrth archwilio'r gwenyn. Mae iechyd eich gwenyn yn hollbwysig, ac mae sylw i hyn drwy gydol y llyfr i'ch helpu i ddysgu beth i chwilio amdano a'r camau y mae angen i chi eu cymryd.

Mae rhywbeth i'w wneud bob amser, pa adeg bynnag o'r flwyddyn yw hi, a bydd deall faint o amser sydd angen i chi ymrwymo i'ch diddordeb newydd yn eich helpu i gynllunio. Ynghyd â hyn mae angen dysgu sut mae'r nythfa'n tyfu yn y gwanwyn, yn dod i'w hanterth yn yr haf ac yn crebachu yn yr hydref. Cylchred y nythfa yw'r enw ar hyn ac mae pethau sydd angen i ni eu gwneud i helpu ein cytrefi i ymateb i'r rhythmau naturiol hyn a chyrraedd eu llawn botensial.

Rwy'n gobeithio y bydd y llyfr hwn yn helpu i'ch rhoi ar ben y ffordd a'ch arwain trwy'r flwyddyn cadw gwenyn. Fyddwch chi ddim yn dysgu popeth yn y tymor cyntaf a byddwch chi'n gwneud camgymeriadau, ond daliwch ati a bydd popeth yn dechrau gwneud synnwyr. Os gallaf roi tri awgrym da i'ch helpu ar y dechrau'n deg, dyma nhw:

- Ymunwch â'ch cymdeithas wenyna leol (bydd eu cymorth yn amhrisiadwy)
- Cynlluniwch ymlaen llaw (bydd hyd yn oed pethau syml, fel cael offer yn barod, yn gwneud gwahaniaeth ar adegau prysur)
- Peidiwch â mynd i banig! (bydd help a chyngor ar gael bob amser pan nad ydych yn siŵr beth sy'n digwydd)

Mwynhewch eich hobi newydd a'r ddealltwriaeth hynod ddiddorol i fywyd eich gwenyn a gewch yn ei sgil. Rwy'n gobeithio y byddwch chi'n elwa cymaint ohono ag rwyf innau wedi'i wneud.

1.

Y Wenynfa ym mis Ionawr

Efallai nad oes llawer iawn o waith ymarferol gyda'r gwenyn yr adeg hon o'r flwyddyn, ond mae digon y gallwch chi fod yn ei wneud o hyd. Gobeithio y byddwch chi wedi cael Nadolig ffrwythlon ac y gallwch chi dreulio nosau hir y gaeaf yn darllen y llyfrau a gawsoch chi ac yn gwella eich gwybodaeth am wenyna. Mae rhywbeth newydd i'w ddysgu bob amser ac wrth ichi grynhoi'r wybodaeth hon, byddwch chi'n synnu o weld sut mae'n eich helpu i wneud penderfyniadau yn y wenynfa. Efallai y cewch chi eich ysbrydoli hyd yn oed i sefyll un o'r asesiadau sydd ar gael, naill ai un ymarferol neu un theori. Mae misoedd tawel y gaeaf yn gyfnod delfrydol i wneud ychydig o'r darllen cefndir sydd ei angen. Fel arfer, mae astudio fel grŵp yn llawer mwy cynhyrchiol, yn enwedig os nad ydych chi wedi cael addysg ffurfiol ers tro. Felly, ewch at eich cymdeithas leol i weld a oes grwpiau astudio ganddi.

Y clwstwr gwenyn

Allan yn y wenynfa, bydd bywyd yn gymharol dawel yr adeg hon o'r flwyddyn. Mae'r gwenyn yn ffurfio clwstwr tyn pan mae'r tymheredd yn cwympo'n is na 14°C ac mae'r clwstwr hwn yn tynhau er mwyn cynnal y gwres wrth i'r tymheredd syrthio. Ar ôl i'r tymheredd syrthio o dan y rhewbwynt, bydd y gwenyn yn dechrau cynhyrchu gwres yn hytrach na thynhau'r clwstwr ymhellach. Mae'r haen allanol o wenyn yn gymharol lonydd a thawel, gyda'r pennau'n wynebu tuag i mewn. Maen nhw'n ffurfio'r darian allanol sy'n atal gormod o wres rhag cael ei golli. Yn y cyfamser, mae'r gwenyn y tu mewn yn fwy bywiog oherwydd eu bod nhw'n fwy cynnes. Hefyd bydd y gwenyn yn newid lle, yn debyg iawn i'r ffordd y mae'r pengwiniaid yn Antartica i gyd yn cymryd tro ar ymyl allanol y grŵp.

↑ Dydy eira ddim yn broblem i'r gwenyn. Cliriwch yr eira o'r mynedfeydd os yw hi'n bwrw eira am gyfnodau hir.

Llwgu oherwydd gwahanu

O bryd i'w gilydd, bydd angen i'r gwenyn dorri'r clwstwr a gadael i'r gweithwyr symud i'r mannau lle mae'r bwyd wedi'i storio. Gall y gwenyn lwgu os ydyn nhw'n cael eu gwahanu oddi wrth eu storau o fwyd ac os yw hi'n rhy oer iddyn nhw dorri oddi wrth y clwstwr. Mae'n anodd diogelu yn erbyn hyn, felly'r cyngor gorau y gallaf ei roi yw sicrhau bod gan eich gwenyn ddigon o fwyd yn stôr ar ddechrau'r gaeaf (20-25kg) ac os ydych chi'n amau o gwbl yr adeg hon o'r flwyddyn, cynigiwch ychydig o ffondant iddyn nhw. Rhowch hwn o dan y caead lle mae'r clwstwr o wenyn, fel nad oes yn rhaid iddyn nhw dorri oddi wrth y clwstwr er mwyn cael gafael arno. Cadwch y ffondant wedi'i lapio mewn plastig gyda'r ochr nesaf at y gwenyn yn unig yn agored, fel nad yw'n sychu. Mae llenwi hen dybiau bwyd tecawê â ffondant yn gweithio'n dda ar gyfer hyn ac yna defnyddiwch fylchwr (*eke*) bas rhwng top y bocs magu a'r caead.

Gweld faint o adnoddau bwyd sydd

Mae codi eich cychod yn sgìl defnyddiol i'w ddatblygu fel y gallwch chi geisio synhwyro faint o'r storau sydd wedi'u bwyta. Dechreuwch drwy godi'r cychod yn syth ar ôl gorffen bwydo yn yr hydref. Codwch un ochr o'r cwch a gwnewch nodyn meddyliol o ba mor drwm y mae'n teimlo ac yna symudwch draw at yr ochr arall a gwnewch yr un fath. Gallwch ailadrodd hyn bob hyn a hyn drwy gydol y gaeaf a chymharu sut mae'n teimlo o'i gymharu â'r tro cyntaf y codoch chi'r cychod. Mae'n rhaid imi ddweud mai celfyddyd yw hon ac nid gwyddor! A chofiwch y bydd pren y cwch yn amsugno lleithder yn ystod misoedd y gaeaf; bydd hyn yn ei wneud yn drymach. Os gwelwch chi fod y cwch yn colli pwysau, efallai ei bod hi'n bryd cynnig ychydig o ffondant i'r gwenyn fel polisi yswiriant.

Varroa

Mae'r gwiddonyn Varroa yn dal i fygwth iechyd a llesiant ein gwenyn ac mae ganol gaeaf yn adeg dda i'w trin. Yn y gaeaf defnyddir triniaethau asid ocsalig, naill ai drwy ddiferu (*trickling*) neu sychdarthu (*sublimation*). Mae'r dull hwn yn dibynnu ar gyfnod heb fag gan fod hyn yn sicrhau mai ar y gwenyn yn eu llawn dwf y mae'r gwiddon, yn hytrach na'u bod nhw'n cuddio mewn mag wedi'i selio. Mae ymchwil diweddar yn dangos bod y cyfnod heb fag yn llawer cynharach nag roedden ni'n meddwl o'r blaen. Felly dechrau mis Rhagfyr yw'r adeg orau i roi triniaeth yn y gaeaf ag asid ocsalig, a disgrifir hyn yn fanylach yn erthygl mis Rhagfyr. Fodd bynnag, os nad ydych chi wedi gwneud hyn yn barod gallwch chi ei wneud o hyd, ond mae'r wyddoniaeth yn dangos os oes mag yn y cwch, y dylech chi ei hagor drwy grafu arwyneb y capiau i ffwrdd. Mae gwenynwyr yn aml yn poeni am agor eu cytrefi a tharfu arnyn nhw yr adeg hon o'r flwyddyn, ond mae'n jobyn cymharol gyflym oherwydd bod cyn lleied o fag, ac mae'r gwenyn yn setlo'n gyflym eto. Dewiswch ddiwrnod mwyn, tawel, ac edrychwch ar ganol y bocs yn gyntaf oherwydd mae'n debygol na fydd angen ichi fynd drwy'r gytref i gyd.

← Tynnwch y plastig oddi ar waelod y ffondant a'i osod yn union uwchben y clwstwr. Mae bylchwyr wedi'u ychwanegu yma i godi'r clawr oddi ar ben y bocs magu ac i adael lle i'r ffondant.

Diogelwch

Os ydych chi'n cadw eich gwenyn yn eich gardd, mae'n hawdd bwrw golwg yn rheolaidd i wneud yn siŵr nad ydyn nhw wedi chwythu drosodd. Ond, os oes gennych chi wenynfeydd y tu allan, fel fi, bydd angen ichi ymweld â nhw'n rheolaidd i weld bob popeth yn dda. Strapiwch eich cychod i lawr yn y gaeaf, yn enwedig y rhai nad ydyn nhw gartref a bydd hyn yn osgoi panics yn hwyr y nos pan fydd storm annisgwyl yn chwythu i mewn oddi ar Gefnfor Iwerydd! O bryd i'w gilydd mae sôn am foch daear yn bwrw cychod i lawr yn y gaeaf pan fydd eu cyflenwadau bwyd yn mynd yn brin, a bydd strapiau hefyd yn helpu i atal eu hymdrechion nhw i ddwyn. Mae cnocellau gwyrdd yn gallu bod yn broblem hefyd yn ystod y gaeaf pan fydd y ddaear yn rhy galed iddyn nhw gyrraedd y nythod morgrug y maen nhw'n bwydo arnyn nhw. Bydd caets wedi'i wneud o wifrau ieir ac wedi'i osod dros y cwch yn atal y cnocellau rhag gafael yn ochr y cwch. Felly dydyn nhw ddim yn gallu eu rhoi eu hunain mewn safle i ddrilio i mewn i ochr y cwch.

Er bod eira trwm yn llai cyffredin y dyddiau hyn, yn enwedig lle rwy'n byw, rydyn ni'n cael ein dal weithiau. Dydy eira ddim yn broblem i'r gwenyn a byddan nhw'n ymateb drwy ffurfio clwstwr tynnach tan i'r eira gilio. Os cewch chi gyfnod hir o eira, edrychwch i wneud yn siŵr nad yw'r eira'n llenwi mynedfeydd y cychod gan y byddwch chi'n synnu pa mor aml mae gwenyn yn hedfan er mwyn glanhau yn ystod y gaeaf ar ddiwrnodau golau, heulog. Hefyd mae'n werth ailystyried safle eich gwenynfa yn y gaeaf. Ar yr adeg hon o'r flwyddyn bydd y coed a'r cloddiau'n noeth ac efallai y byddan nhw'n gwneud i'r cychod fod yn agored i wyntoedd nad ydyn nhw efallai yn achosi problem pan mae'r cloddiau llawn yn amddiffynfa iddyn nhw. Gwyntoedd oer, dwyreiniol yw'r rhai mwyaf tebygol o achosi difrod, felly cofiwch sicrhau bod eich cychod wedi'u hamddiffyn yn eu herbyn nhw.

2.

Y Wenynfa ym mis Chwefror

Bydd blodau cynta'r gwanwyn yn blodeuo nawr ac mae ein gwenyn yn croesawu hyn ar ddiwrnodau mwyn, heulog. Bydd saffrwm ac eirlysiau'n cynnig paill ffres y mae ei angen yn fawr. Mae gweld y gwenyn yn mynd â'r paill hwn i mewn i'r cwch yn arwydd da bod eich brenhines wedi dechrau dodwy. Mae paill yn elfen hanfodol o fwyd y fag ac mae'n annhebygol y bydd peth ar ôl yn y nyth magu o'r hydref diwethaf. Bydd hen wenyn y gaeaf yn defnyddio eu storfa fewnol o fraster ac unrhyw baill y mae'n bosibl ei gasglu i gynhyrchu bwyd mag i'r larfae. Os ydych chi eisiau hybu'r cwch i gynyddu yn ystod y gwanwyn, ystyriwch roi bwyd yn lle paill sy'n cael ei fwydo yn yr un ffordd â ffondant. Hefyd, cofiwch godi'r cychod i synhwyro faint o storau sydd yn y cwch ac os rhoddoch chi ffondant ym mis Ionawr, gwiriwch eto i weld a ydyn nhw wedi'i ddefnyddio.

Paratoi'r offer

Mae'r tymor gwenyna newydd yn prysur agosáu felly mae'n adeg dda i ddechrau paratoi eich offer nawr. Rydyn ni i gyd yn euog o roi offer i gadw ar ddiwedd y tymor heb eu glanhau neu heb wneud unrhyw waith cywiro, felly manteisiwch ar y mis cymharol dawel hwn i gael eich sgrafell a'ch lamp losgi allan. Crafwch unrhyw grwybr cyplysu neu grwybr garw a glud gwenyn (*propolis*) i ffwrdd a chasglwch y crafion hyn mewn bwced – peidiwch â'u gadael nhw lle gall y gwenyn fynd atyn nhw rhag ofn bod clefydau arnyn nhw. Mae'n bosibl defnyddio lamp losgi i ddiheintio unrhyw beth pren: llofftydd a blychau magu, lloriau, cloriau a thoeau. Y syniad yw mynd â'r fflam dros y gwaith pren dim ond yn ddigon i'w ruddo'n ysgafn – dydych chi ddim yn ceisio ei roi ar dân! Mae'n ffordd effeithiol iawn o ddinistrio pathogenau posibl fel nosema a hefyd mae'n gallu cyrraedd larfae cwyrwyfynnod (*wax moth*)

↑ Mae gweld eirlysiau yn hyfrydwch i ni ac i'r gwenyn ym mis Chwefror.

sy'n cuddio yn y corneli. Mae'n bosibl defnyddio lamp losgi ar wahanlenni (*excluders*) dur gwrthstaen (*stainless steel*) ond peidiwch â defnyddio lamp losgi ar y gwahanlenni plastig neu sinc bylchog gan y bydd y rhain yn camdroi.

Mae'n bosibl glanhau cychod polystyren drwy sgrwbio â hydoddiant cryf o soda golchi (1kg o grisialau soda i 5 litr o ddŵr) ar ôl crafu unrhyw lud gwenyn a chwyr i ffwrdd yn ofalus. Os ydych chi eisiau eu diheintio nhw, bydd angen bocs plastig sy'n ddigon mawr i'w soddi nhw'n llwyr. Llenwch hwn â hydoddiant cannu (*bleach solution*) (1 rhan o gannydd cartref i 5 rhan o ddŵr) ac yna rhowch rannau'r cwch i soddi am 20 munud o leiaf. Bydd angen rhoi pwysau arnyn nhw gan y byddan nhw'n arnofio.

Diheintio'r crwybrau

Mae'n bosibl diheintio crwybr drwy ddefnyddio asid asetig 80% sy'n arbennig o effeithiol yn erbyn nosema a mag sialc (*chalkbrood*). Gwnewch bentwr o'r blychau o grwybr ar lawr solet a gosodwch soser o asid asetig (120ml y bocs o fframiau i'w ddiheintio) ar y top gan ddefnyddio llofft fêl wag fel bylchwr. Rhowch glawr solet ar ei ben a defnyddiwch dâp parsel i selio unrhyw fylchau a gadewch ef am wythnos. Mae asid asetig yn cyrydu (*corrode*) concrit, darnau metel a bodau dynol felly tynnwch unrhyw ddarnau metel, gofalwch nad ydych yn ei ollwng ar goncrit a gwisgwch y cyfarpar diogelu priodol. Ar ôl wythnos agorwch y bocs a gadewch ef i awyru am rai dyddiau cyn ei ddefnyddio.

Wrth fygdarthu (*fumigate*) crwybrau, rwy'n defnyddio bocsys plastig cryf sydd ag ochrau tyllog ac y gallwch eu gosod ar ben ei gilydd. Mae'r crwybrau'n cael eu hongian yn y blychau ac mae tywelion amsugnol (*absorbent*) yn cael eu rhoi ar eu pennau. Rwy'n arllwys yr asid asetig ar y tywelion hyn ac yna rwy'n rhoi'r bocs nesaf ar eu pennau. Mae'r cyfan yn cael ei lapio mewn bagiau silwair plastig mawr drwy gydol y broses fygdarthu. Hefyd, mae'n bosibl gwneud hyn drwy roi'r bocsys magu neu'r llofftydd mêl pren ar ben ei gilydd a rhoi'r asid asetig ar badiau amsugnol ar ben pob bocs cyn selio popeth.

Gosodwch rai targedau newydd

Mae cymryd amser i gynllunio rhai nodau ar gyfer y tymor i ddod yn ymarfer gwerth chweil ar yr adeg hon o'r flwyddyn. Pan ddechreuais i wenyna, doeddwn i byth yn arbennig o drefnus ac roedd fy ngweithgareddau'n ymateb i'r hyn oedd yn digwydd ar y pryd. Er enghraifft, fyddwn i byth yn meddwl am reoli heidiau tan i mi ddod o hyd i rai celloedd brenhines ac yna byddai'n rhaid i imi ymateb. Does dim byd yn bod ar hyn, ond pan fydd gennych chi nifer o gytrefi, mae'n gallu mynd braidd yn flinedig ac mae'n teimlo fel petai'r gwenyn sy'n rheoli, nid chi! Nawr rwy'n ystyried beth hoffwn ei gyflawni dros y tymor ac yn paratoi'n unol â hynny. Dyma rai awgrymiadau i ddangos beth rwy'n ei feddwl a does dim dwywaith y gallwch chi feddwl am rai eraill yr hoffech chi eu gwneud.

Paratoi i sefyll asesiad ymarferol. Does gen i ddim amheuaeth bod asesiadau ymarferol BBKA (sydd hefyd ar gael i aelodau CGC) yn ffordd dda o wella eich sgiliau. Dechreuwch gyda'r Asesiad Sylfaenol ac yna wrth ichi fagu profiad gallwch chi weithio tuag at y dystysgrif Iechyd Gwenyn Mêl, yr asesiadau Hwsmonaeth Gyffredinol ac Uwch a'r Dystysgrif Magu Gwenyn. Siaradwch â'ch swyddog hyfforddiant addysg lleol a byddwch yn ymwybodol bod y dyddiadau cau ar gyfer yr asesiadau hyn yn aml ym mis Chwefror!

Rheoli heidiau'n fwy effeithiol.

Mae hyn yn flaenoriaeth i bob gwenynwr, felly cymerwch amser i ddarllen am y pwnc hwn ac i ddewis dull sy'n addas i chi. Efallai y byddech chi'n hoffi rhoi cynnig ar reoli heidiau ymlaen llaw drwy rannu cytrefi. Efallai y bydd hyn yn eich helpu i reoli'r gwenyn yn well heb golli hanner eich cytrefi cryfaf. Ond bydd gennych chi ddwywaith nifer y cytrefi yn y diwedd, felly ystyriwch sut bydd hyn yn effeithio arnoch chi – a yw'r amser a'r offer gyda chi i ragor o gytrefi? Beth am roi cynnig ar fwrdd Snelgrove? Canlyniad posibl y dull hwn yw pentwr uchel o focsys nad yw'n addas i rywun sy'n gwenyna ar ei ben/phen ei hun. Ond mae'n bosibl addasu'r dull a'i ddefnyddio'n 'llorweddol' er mwyn osgoi pentyrrau uchel o flychau trwm. Mae Wally Shaw yn disgrifio'r dull hwn yn ei lyfr 'Canllaw'r Wenynfa i Reoli Heidiau'.

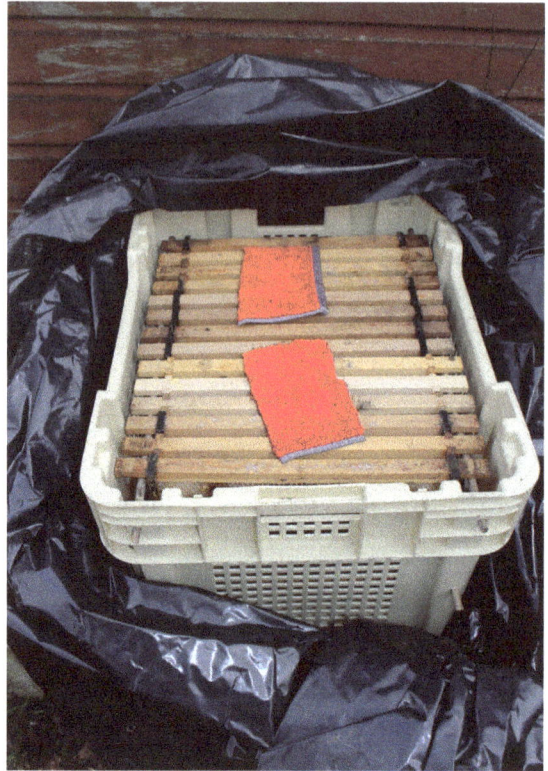

↑ Paratoi fframiau o grwybr i'w diheintio. Mae'n bosibl gwneud hyn hefyd yn y bocsys mag neu'r llofftydd mêl pren, ond peidiwch â defnyddio bocsys polystyren.

Magu eich breninesau eich hun.

Mae hon yn broses sy'n rhoi llawer o foddhad a does dim angen iddi fod mor gymhleth ag y mae rhai'n ei awgrymu! O wneud ychydig o ymchwil a chynllunio fe gewch chi ddull i roi cynnig arno. Peidiwch â digalonni os nad ydych chi'n llwyddo'r tro cyntaf – efallai fod angen ychydig yn rhagor o ymarfer a gydag ychydig yn rhagor o brofiad byddwch chi'n gallu mireinio'r dechneg.

Fy nghyngor yw peidio â gwneud rhestr ry hir. Dewiswch ychydig o bethau ar y tro a dros gyfnod bydd y rhain i gyd gyda'i gilydd yn eich gwneud chi'n wenynwr gwell yn gyffredinol a byddwch chi'n cael hyd yn oed mwy o foddhad o ddilyn y diddordeb rhyfeddol hwn.

3.

Y Wenynfa ym mis Mawrth

Ym mis Mawrth rydyn ni'n edrych ymlaen yn gyffrous at y tymor gwenyna sydd ar fin cychwyn. Mae patrymau'r tywydd dros y blynyddoedd diweddar wedi dod ag amodau mwyn, heulog ym mis Mawrth ond gyda chyfnod oer yn dilyn yn ddiweddarach yn y gwanwyn. Efallai bydd rhai ohonon ni'n gallu archwilio'r cychod am y tro cyntaf yn y gwanwyn ym mis Mawrth tra bydd eraill yn dal i fod yn nyfnder y gaeaf. Peidiwch â rhuthro i wneud dim. Cyhyd â bod gan y gwenyn ddigon o storau, dylai popeth fod yn dda.

Strategaethau bwydo

Mae angen cydbwyso popeth yn ofalus o ran bwydo yr adeg hon o'r flwyddyn. Os bydd storau'r gwenyn wedi dod i ben, efallai bydd angen i chi fwydo oherwydd bydd y frenhines yn dodwy a bydd y nyth magu'n ehangu, ond efallai na fydd y gwenyn yn gallu casglu digon o faeth i gefnogi'r twf hwn. Gofalwch nad ydych chi'n gorfwydo eich cytrefi, gan y bydd hyn yn achosi twf sy'n rhy gyflym. O ganlyniad bydd cytrefi'n heidio cyn gynted ag y bydd y tywydd yn cynhesu oherwydd eu bod nhw wedi llenwi'r nyth magu! Os yw'r tywydd yn ddigon cynnes i'r gwenyn dorri eu clwstwr gallwch chi gynnig syryp 1:1 ond cynigiwch ffondant os yw'r tywydd yn dal i fod yn rhy oer.

Os ydych chi'n targedu'r cnwd olew had rêp, bydd angen ichi fod yn ysgogi'r cytrefi â pheth bwyd er mwyn sicrhau bod gennych chi ddigon o wenyn i gasglu'r cnwd erbyn canol mis Ebrill. Os ydych chi'n poeni nad oes digon o baill yn dod i mewn er mwyn creu mag, gallwch chi hefyd gynnig bwyd yn lle paill sy'n cael ei fwydo'r un ffordd â ffondant.

Yr archwiliad cyntaf

Rydyn ni bob amser yn awyddus i archwilio am y tro cyntaf yn y gwanwyn a gweld sut hwyl mae'r gytref wedi'i chael dros y gaeaf. Dewiswch ddiwrnod cynnes, heulog tua 15°C cyn agor y cwch. Peidiwch â threulio gormod o amser yno – chwiliwch yn gyflym am dystiolaeth o frenhines sy'n dodwy a sicrhewch fod ganddyn nhw storau. Mae'n werth cyfrif nifer y fframiau o fag yn y nyth magu gan y bydd hyn yn rhoi cymhariaeth werthfawr i chi wrth archwilio'r tro nesaf. Dylai maint y nyth magu fod yn cynyddu ar yr adeg hon o'r flwyddyn, felly wrth archwilio'r tro nesaf, dylech chi ddisgwyl gweld un neu ddwy yn rhagor o fframiau o fag yn y nyth magu. Os yw'r gytref yn mynd drwy'r gaeaf gyda llofft fêl o dan y fag, rhowch hi'n ôl uwchben y fag. Os ydych chi'n siŵr bod y frenhines yn y bocs magu, gallwch chi roi gwahanlen rhwng y ddau focs. Peidiwch â phoeni os nad yw amodau'r tywydd yn caniatáu hyn tan ddechrau i ganol mis Ebrill gan y bydd y tywydd yn amrywio'n enfawr dros y wlad.

↑ Cytref sydd wedi marw oherwydd llwgu. Sylwch sut mae llawer o'r gwenyn a'u pennau yn y celloedd.

Colli cytrefi

Gwaetha'r modd, rydyn ni'n colli cytrefi dros y gaeaf o bryd i'w gilydd. Mae hyn yn digalonni'r gwenynwr, sy'n naturiol yn teimlo iddo/iddi wneud rhywbeth o'i le. Yn 2021 adroddodd Arolwg Goroesiad Cytrefi Blynyddol y BBKA (*Annual Colony Survival Survey*) golledion yn y DU o 18.6% dros y gaeaf blaenorol, gyda'r gwenynwyr yn awgrymu rhesymau amrywiol pam roedden nhw'n meddwl i'w cytrefi fethu, gan gynnwys; breninesau'n methu, llwgu, diffyg bwyd i'w gasglu a thywydd oer. Mae'r ffigur hwn yn amrywio bob blwyddyn ond mae'n gymharol uchel bob amser. Bydd rhoi sylw i reoli yn ystod yr haf a'r hydref, yn enwedig rheoli Varroa, yn eich helpu i reoli colledion. Os yw un o'ch cytrefi'n marw, caewch hi'n syth i atal gwenyn eraill rhag mynd i mewn iddi tan y byddwch chi'n gallu ei glanhau a'i ddiheintio. Dydy hi ddim bob amser yn hawdd nodi a deall pam mae cytref wedi marw ond efallai bydd yr awgrymiadau canlynol yn helpu:

- Mae'r gwenyn yn glwstwr gyda'i gilydd ac maen nhw wysg eu pennau yn y celloedd. Mae'n debyg mai llwgu sydd wedi digwydd yma ac mae'n nodwedd ar ddiffyg storau. Weithiau mae'r gwenyn yn cael eu gwahanu oddi wrth eu storau ac efallai y bydd y bwyd yn y crwybr o'u cwmpas nhw'n dod i ben, er bod storau mewn rhannau eraill o'r cwch. Llwgu ynysu (*isolation starvation*) yw'r enw ar hyn ac mae'n digwydd pan fydd hi'n rhy oer i'r gwenyn dorri oddi wrth y clwstwr a theithio ar draws y crwybr i'w storau. Y ffordd orau o osgoi hyn yw drwy sicrhau bod y cytrefi'n gryf a bod ganddyn nhw ddigon o storau ar ddechrau'r gaeaf.

- Diffyg mag a/neu dystiolaeth o gapiau wedi'u codi yng nghrwybr mag y gweithwyr. Mae nifer y gwenyn wedi lleihau. Mae'n debygol mai'r frenhines sydd wedi methu, gyda'r capiau wedi'u codi gan frenhines sy'n dodwy gwenyn gwryw.

- Gwenyn marw ag adenydd wedi'u hanffurfio a chwilerod (*pupae*) sydd wedi cael eu cnoi. Syndrom gwyddon parasitig yw hyn wedi'i achosi gan Varroa ac mae'n tynnu sylw at bwysigrwydd rheoli gwyddon mewn da bryd ac yn effeithiol.

- Tystiolaeth o ymgarthion (*faeces*) ar y fframiau ac wrth fynedfa'r cwch, ynghyd â nifer isel o wenyn. Gall hyn fod yn fwy amlwg wrth i'r cytrefi gynyddu yn y gwanwyn, wrth i'r cytrefi hyn ddod yn fwy amlwg na'r rhai iach oherwydd nad ydyn nhw'n cynyddu. Arwydd o Nosema yw hyn ac mae'n bosibl ei reoli drwy arferion hylendid da a rheoli crwybrau.

- Edrychwch dros gytrefi marw bob amser am dystiolaeth o glefydau, yn enwedig Clefyd Americanaidd y Gwenyn (*AFB*). Mae'r clefyd bacteriol hwn yn lladd y larfae sy'n datblygu ar ôl i'r gell gael ei chapio. Y canlyniad yw cennau (*scales*) du tywyll sydd wedi glynu wrth ymyl isaf y gell a dydy'r gwenyn ddim yn gallu eu tynnu oddi yno. Os ydych chi'n amau bod gennych chi gennau AFB yn eich cwch, caewch ef yn syth i atal gwenyn eraill rhag mynd at unrhyw storau sydd ar ôl yn y cwch a ffoniwch eich arolygydd gwenyn.

Paratoi fframiau

Gwnewch yn siŵr bod gennych chi ddigon o fframiau ar gyfer y tymor sydd i ddod. Mae mathau gwahanol o fframiau ac opsiynau bylchu ar gael ac mae'n bwysig bod y bylchu'n gywir fel ei bod hi'n haws gweithio gyda'ch cytref. Mae fframiau Hoffman yn eu bylchu eu hunain oherwydd sut mae barrau ochr y fframiau wedi'u dylunio. Pan fyddan nhw'n cael eu gwasgu at ei gilydd yn y cwch mae'r fframiau'n cael eu dal gyda'r bwlch cywir rhyngddyn nhw. Mae dewisiadau eraill gan gynnwys fframiau sydd

↑ Edwinodd y gytref hon a marw oherwydd bod ganddi frenhines a oedd yn dodwy gwenyn gwryw.

â barrau ochr syth y mae angen ychwanegu bylchwr at y clust. Gallwch chi brynu bylchwyr plastig ar gyfer hyn, ond maen nhw'n mynd yn llawn o lud gwenyn. Mae fframiau Manley yn cynnig dewis arall i'ch llofftydd mêl ac mae ganddyn nhw farrau top ac ochr lletach. Os yw'r bylchu'n anghywir mae'r gwenyn yn adeiladu crwybrau cyplysu (*brace comb*) er mwyn llenwi'r bylchau sy'n rhy lydan. Os gwelwch chi fod crwybr cyplysu'n cael ei adeiladu rhwng archwiliadau, edrychwch ar y bylchu yn y cwch – efallai bydd hi'n hawdd datrys y broblem. Mae castelliadau'n ffurf arall ar fylchu, y man gorau i'w ddefnyddio yw yn y llofftydd mêl. Rwy'n adnabod rhai pobl sy'n hoffi defnyddio castelliadau yn eu bocsys magu ond mae hyn yn golygu na allwch chi lithro'r fframiau pan fyddwch chi'n archwilio'r cwch. Mae llithro fframiau mewn grwpiau neu i gyd gyda'i gilydd yn dechneg ddefnyddiol er mwyn osgoi gwasgu gwenyn ac allwch chi ddim gwneud hyn os ydyn nhw yn eu safleoedd sefydlog yn y castelliadau. Efallai y bydd y dewisiadau sydd ar gael yn ddigon i'ch drysu a'r peth gorau i'w wneud yw edrych ar beth sydd ar gael mewn catalog cyflenwadau gwenyna ac yna sgwrsio â gwenynwr mwy profiadol ynghylch beth sy'n debygol o fod fwyaf addas i chi.

4.

Y Wenynfa ym mis Ebrill

Mae mis Ebrill yn gallu bod yn fis anwadal gyda thywydd sy'n newid o hyd. Tra bydd rhai gwenynwyr yn dal i aros i wneud eu harchwiliad cyntaf, bydd eraill yn rhoi gwybod am heidiau cyntaf y tymor! Peidiwch â bod yn ddiamynedd – mae'n rhaid ichi weithio gyda'ch amodau lleol, a byddwch chi'n rhyfeddu pa mor gyflym rydych chi'n ymgyfarwyddo â'r rhain wrth ichi fagu profiad gyda'ch gwenyn. Os ydych chi'n llwyddo i archwilio eich gwenyn, y pethau y mae angen ichi fod yn eu gwirio yw:

* Storau
* Lle
* Iechyd
* Presenoldeb brenhines
* Celloedd brenhines

Storau

Gall cyfnod oer sydyn dorri ar draws gweithgareddau casglu bwyd eich gwenyn a gall ddal blodau'r gwanwyn cynnar yn ôl hyd yn oed. Cadwch lygad ar y bwyd sydd wrth gefn ar yr adeg hon o'r flwyddyn oherwydd bydd y nyth magu'n ehangu'n gyflym a bydd yn agored iawn i niwed os na fydd cyflenwadau bwyd cyson. Gallwch chi helpu eich gwenyn gydag ychydig o ffondant a bwyd yn lle paill os yw eu storau wedi dod i ben, neu syryp ysgafn hyd yn oed os yw'r tywydd yn ddigon cynnes (1kg siwgr i 1 litr o ddŵr) gan ddefnyddio ymborthwr cyswllt (*contact feeder*).

↑ Mae mag iach wedi'i selio'n edrych yn sych ac yn gyson,
gyda chapiau crwm sydd â lliw fel bisgeden.

Lle

Ar y llaw arall, efallai fod y tywydd yn gynnes braf a bod blodau ym mhobman.
Os mai felly mae hi, a dyna'r gobaith, yna mae angen ichi fod â llofftydd mêl
yn barod i sicrhau bod gan y gytref sy'n ehangu'n gyflym ddigon o le i storio'r
neithdar sy'n dod i mewn i'r cwch. Fel rheol fras, pan fydd y gwenyn yn
gorchuddio 8 ffrâm, mae'n bryd rhoi lle iddyn nhw drwy ychwanegu bocs arall.

Cofiwch efallai y bydd angen lle ychwanegol ar y frenhines i ddodwy ynddo, ac
efallai y bydd angen ichi ystyried ychwanegu ail focs magu (mag dwbl yw'r enw
ar hyn) neu adael iddi ddodwy mewn llofft fêl drwy osod un o dan y wahanlen
(mag a hanner).

↑   Patrwm nodweddiadol ar y crwybr sy'n dangos bwa'r fag gyda phaill o'i chwmpas ac yna storau yn y corneli uchaf.

Wrth ychwanegu llofftydd mêl newydd, y cwestiwn a ofynnir yn aml yw a ydych chi'n gosod y llofft fêl newydd ar ben y llofftydd presennol (*top-supering*) neu'n eu gosod nesaf at y nyth magu (*bottom-supering*)? Mae hyn bob amser yn destun dadl gyda'r ddamcaniaeth yn awgrymu y bydd y gwenyn yn gweithio'r llofft fêl newydd yn gyflymach os yw hi nesaf at gynhesrwydd y nyth magu. Fodd bynnag, mae'n ymddangos nad oes llawer o wahaniaeth. Os nad yw eich cytref yn ddigon cryf i symud i mewn i'r llofft fêl a dechrau ei gweithio, lle bynnag rydych chi wedi'i gosod hi, yna mae'n debyg nad oes angen llofft fêl newydd ar y gytref!

Iechyd

Mae'r gwanwyn yn adeg dda i archwilio am glefydau. Yn ddelfrydol dylech chi archwilio am glefydau 3 neu 4 gwaith drwy gydol y tymor pan fydd y gwenyn yn gweithio a gydag ychydig o ymarfer gallwch chi roi'r archwiliad iechyd hollbwysig hwnnw i'r gytref. Dewiswch ddiwrnod braf pan fydd y gwenyn yn hedfan yn dda gan y bydd y cwch ar agor gyda chi am ychydig yn hwy nag arfer. Yn gyntaf, dewch o hyd i'ch brenhines a rhowch hi mewn caets brenhines ond cofiwch fynd â hi'n ôl i'r gytref pan fyddwch chi wedi gorffen. Gan ddechrau gyda'r ffrâm gyntaf o fag, ysgydwwch y gwenyn i gyd oddi ar y ffrâm er mwyn ichi gael gweld y fag yn eglur. Y peth pwysig yma yw eich bod chi'n gallu adnabod sut mae mag iach yn edrych. Dylai fod iddi batrwm dodwy cyson a bydd y capiau â siâp cromen ac â lliw fel bisged. Bydd mag heb ei chapio yn wyn fel perlau, yn gorwedd mewn safle siâp C ar waelod y gell, gyda'r segmentau'n amlwg. Pan fyddwch chi'n hapus eich bod yn gallu adnabod mag iach, gallwch chi ddechrau bod yn fwy beirniadol ac edrych yn drylwyr am arwyddion o glefydau. Gallai hyn gynnwys larfae marw sy'n frown eu lliw neu hyd yn oed yn galed ac fel sialc. A yw'r capiau'n edrych fel pantiau ac yn seimllyd neu efallai fod y patrwm dodwy'n anghyson, a bod rhai larfae wedi cael eu tynnu o'u celloedd? Daliwch y ffrâm ar ongl 45° gyda'r haul yn disgleirio dros eich ysgwydd a chwiliwch am arwyddion o gennau Clefyd Americanaidd y Gwenyn (*AFB*) yng ngwaelod y celloedd. Does dim digon o le ar y dudalen hon i roi disgrifiadau manwl o'r clefydau y gallech chi ddod ar eu traws, ond peidiwch â mynd i banig gan fod rhagor o gyngor ar daflen yr Uned Wenyn Genedlaethol (*NBU*) ynghylch archwiliadau'r gwanwyn ac os ydych chi'n amau bod un o'r clefydau ar eich gwenyn, caewch y cwch, gwnewch y fynedfa'n llai i atal lladrata a chysylltwch â'ch arolygwr gwenyn.

Presenoldeb brenhines

Wrth archwilio, edrychwch i weld bod gennych chi frenhines sy'n dodwy'n dda a bod y gytref yn cynyddu yn ôl y disgwyl. Mae marcio eich brenhines yn syniad da i'ch helpu i'w gweld hi, ond os na allwch chi ei gweld hi, chwiliwch am wyau yn y nyth magu. Dylai'r rhai'n fod wedi'u gosod mewn darnau siâp pêl rygbi yng nghanol y nyth magu. Wrth i'r frenhines lenwi'r nyth, bydd yr wyau mewn bwâu consentrig sy'n symud allan yn raddol o ganol y nyth. Cofnodwch faint o fframiau sydd gennych wrth archwilio bob tro ac yna byddwch chi'n gallu gweld a yw'r nyth magu'n ehangu. Byddech chi'n disgwyl bod y nyth magu'n llawn o fag erbyn diwedd mis Mai, felly ym mis Ebrill bydd hi'n gysur gweld cynnydd graddol tuag at hyn. Os nad oes cynnydd o wythnos i wythnos, efallai fod nifer o resymau, ond yr achosion mwyaf tebygol yw diffyg bwyd, clefyd neu frenhines sy'n methu.

Celloedd brenhines

Yn dibynnu ar i ba raddau mae'r tymor yn mynd yn ei flaen a maint y gytref, peidiwch ag anghofio edrych i weld a allai heidio ddigwydd drwy gadw llygad am gelloedd brenhines. Mae'n fwyaf tebygol mai o gwmpas ymylon y fframiau y bydd y rhain ac efallai y byddan nhw wedi'u cuddio'n dda. Paratowch drwy gynllunio eich dull rheoli heidiau ymlaen llaw a bod gennych y cyfarpar angenrheidiol i gyd wrth law.

Cnwd olew had rêp

Bydd yr olew had rêp yn dechrau blodeuo ddechrau mis Ebrill ac os ydych chi'n mynd â'r cychod at y rêp mae angen ichi wneud hynny cyn i'r prif lif ddechrau. Cofiwch gynllunio eich taith, pa mor fyr bynnag yw hi, a sicrhewch fod y cychod i gyd wedi'u strapio i lawr a bod digon o awyr ar gyfer y daith. Ewch â digon o lofftydd mêl gyda chi fel y gallwch chi roi digon o le i'r gwenyn. Bydd llawer ohonoch chi'n manteisio ar yr olew had rêp o'ch gwenynfeydd cartref ond mae angen ichi fod yn barod o hyd a sicrhau bod digon o lofftydd mêl gan y cytrefi a hefyd rhai sbâr rhag ofn bod llif da.

Trapiau cacwn Asia

Mae nawr yn adeg dda i osod trapiau i ddal cacwn Asia (*Asian hornets/Vespa velutina*) yn eich gwenynfa. Mae angen inni i gyd fod yn wyliadwrus i sicrhau ein bod yn canfod unrhyw gacwn Asia cyn gynted â phosibl ac yn rhoi gwybod amdanyn nhw er mwyn eu hatal rhag ymsefydlu yma. Mae'r NBU yn rhoi manylion trap y gallwch ei wneud o botel blastig a'i hongian yn y wenynfa. Neu, gallwch chi hefyd brynu trapiau gan gyflenwyr offer gwenyna. Wrth gwrs, mae pryder am nifer y pryfed heb eu targedu sy'n cael eu dal yn y trapiau hyn felly cofiwch eu harchwilio'n rheolaidd er mwyn rhyddhau'r rhain. Y peth pwysig yw ein bod ni i gyd yn gwneud ein rhan wrth fonitro ac mae'n rhaid rhoi gwybod am unrhyw gacwn amheus i alertnonnative@ceh.ac.uk

5.

Y Wenynfa ym mis Mai

Erbyn hyn dylai'r gweithgarwch yn y wenynfa fod yn ei anterth. Mae'n gyfnod cyffrous gyda'r cytrefi sy'n ehangu'n gyflym yn manteisio ar flodau'r gwanwyn. A ydych chi wedi paratoi digon o offer ar gyfer y tymor i ddod? Wel, cewch chi wybod yn fuan!

Archwilio bob wythnos

Bydd angen archwilio bob wythnos fel y gallwch chi fonitro sut hwyl mae'r gytref yn ei chael a chadw llygad am arwyddion heidio. Disgrifiais y mis diwethaf beth ddylech chi fod yn chwilio amdano wrth archwilio ac mae'r un peth yn wir wrth ichi symud i'r tymor lle mae'r gwenyn yn weithgar. Mae'n hanfodol cadw cofnodion wrth archwilio bob tro ac mae'n bosibl gwneud hyn mewn amryw o ffyrdd. Bydd hi'n well gan rai ohonon ni ddull papur syml a chofnodi sylwadau fel: lefel y storau, nifer y fframiau â mag, arwyddion heidio ac iechyd. Efallai bydd hi'n well gan eraill ddulliau digidol, ond cofnodir yr un wybodaeth. Os ydych chi'n bwriadu magu eich breninesau eich hun, mae'n werth cofnodi darnau eraill o wybodaeth fel: natur, pa mor dawel yw'r gwenyn ar y crwybr, cynaeafau mêl a lefelau Varroa. Mae rhestr ddiddiwedd o bethau y gallwch chi eu cofnodi. Mewn gwirionedd mae'n dibynnu ar yr hyn sy'n tanio eich diddordeb o ran faint o fanylion rydych chi eisiau eu cofnodi, ond y peth pwysig yw cofnodi'r hanfodion.

Byddaf yn defnyddio'r wybodaeth hon i fonitro pa mor dda mae cytref yn adeiladu. A yw nifer y fframiau â mag wedi cynyddu dros yr ychydig wythnosau diwethaf? Os nad yw, pam felly? Ai diffyg bwyd i'w gasglu, brenhines nad yw hi'n dodwy'n dda sydd wrth wraidd y broblem, neu oes mater iechyd? Gyda'r wybodaeth rwy'n ei chasglu, gallaf gymryd camau i ddatrys pethau. Gallai hyn gynnwys gosod y byrddau archwilio i fonitro Varroa neu fwydo ychydig os nad oes llawer o weithgarwch casglu bwyd. Bydd rhoi'r wybodaeth i gyd at ei gilydd yn eich helpu i greu darlun sy'n eich galluogi chi i reoli'r cytrefi. Bydd hi'n llawer haws gwneud hyn ac yn fwy effeithiol os bydd yn seiliedig ar gofnodion.

Rheoli'r crwybrau

Mae mis Mai yn adeg dda o'r flwyddyn i feddwl am reoli crwybrau. Y nod yw cael gwared ar hen grwybr tywyll sydd wedi'i dreulio a allai fod yn cynnig lloches i glefydau, a rhoi llenni cwyr (*foundation*) yn ei le er mwyn i'r gwenyn gynhyrchu crwybr newydd. Y ffordd hirwyntog yw symud yr hen grwybr tywyll yn raddol i ymyl y nyth magu ac yna, pan mae'r tu hwnt i'r fag, cael gwared arno a rhoi llenni cwyr yn ei le yng nghanol y nyth magu. Mae hyn yn gallu cymryd amser ond mae'n gweithio. Y dewis arall yw gwneud Newid Crwybrau Bailey neu Haid wedi'i Hysgwyd. Mantais y rhain yw cyflymu'r broses ac mae'r gwenyn yn ymateb yn wirioneddol dda i'w 'llechen lân', ond mae angen rheoli'n ofalus rhag rhoi'r gwenyn o dan straen.

Ar gyfer y naill neu'r llall o'r rhain arhoswch tan i amodau'r tywydd fod yn ffafriol a than i lif mêl ddod. Mae angen cynhesrwydd a bwyd ar wenyn i dynnu crwybr. Mae'n bosibl darparu llif mêl yn artiffisial ond mae'n fwy anodd creu'r amodau cynnes!

Newid Crwybrau Bailey

Gyda Newid Crwybrau Bailey, mae angen gosod bocs magu sy'n cynnwys fframiau o lenni cwyr dros y blwch magu presennol. Mae mynedfa dros dro'n cael ei rhoi rhwng y bocsys i leihau'r traffig drwy'r hen grwybr. Mae'r frenhines yn cael ei symud i'r bocs uchaf ar ffrâm o gwyr ac mae gwahanlen (*excluder*) yn cael ei rhoi rhwng y ddau focs. Mae'r gytref yn cael ei bwydo ac ar ôl i'r hen fag i gyd ddod allan o'r bocs magu gwaelod mae'n bosibl ei dynnu a'i lanhau ac aildrefnu'r cwch. Mae hon yn ffordd wych o'u gosod nhw ar grwybr newydd. Dydy'r fag ddim yn cael ei dinistrio, felly does dim byd yn dal datblygiad y gytref yn ôl. Fodd bynnag, mae'n ddull cymharol araf (3–4 wythnos) ac os oes pathogenau clefydau'n bresennol, byddan nhw'n cael eu trosglwyddo i'r crwybr newydd. Felly, mae hwn yn ddull defnyddiol yn enwedig ar gyfer cytrefi llai.

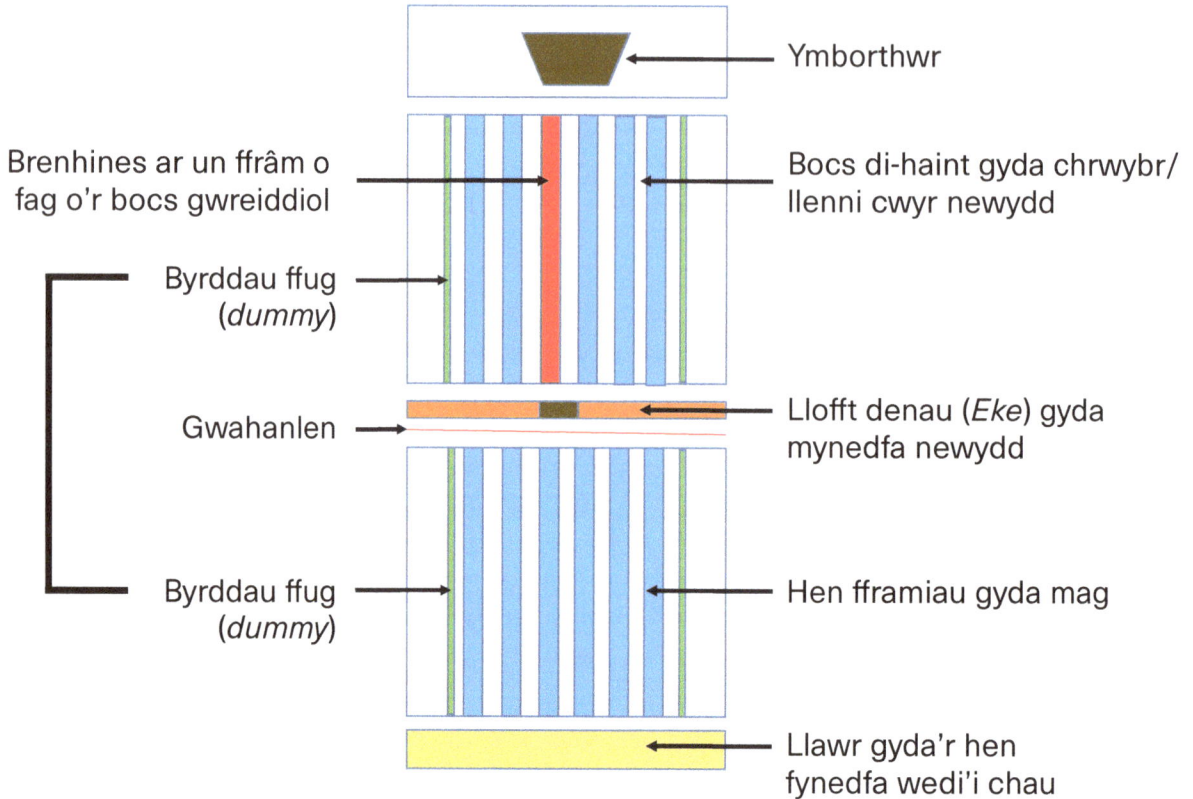

Ymborthwr

Brenhines ar un ffrâm o fag o'r bocs gwreiddiol

Bocs di-haint gyda chrwybr/ llenni cwyr newydd

Byrddau ffug (*dummy*)

Gwahanlen

Llofft denau (*Eke*) gyda mynedfa newydd

Byrddau ffug (*dummy*)

Hen fframiau gyda mag

Llawr gyda'r hen fynedfa wedi'i chau

↑ Mae'r diagram hwn yn dangos sut mae gosod y gytref ar gyfer newid crwybrau Bailey. Mae'r frenhines yn y bocs uchaf gydag un ffrâm o fag a chrwybrau neu lenni cwyr newydd. Mae gweddill y fag o dan y wahanlen lle bydd y fag yn ymddangos ac yna bydd hi'n bosibl tynnu'r hen fframiau a rhoi'r gytref at ei gilydd eto. Cofiwch eu bwydo er mwyn eu hannog i dynnu crwybr newydd.

Dull Haid wedi'i Hysgwyd

Mae'r dull Haid wedi'i Hysgwyd yn ymddangos yn fwy creulon oherwydd eich bod chi'n tynnu'r holl fag sydd yno'n syth, ond yn fy mhrofiad i, mae'r gwenyn yn ymateb yn arbennig o dda. Mantais arall yw bod hyn yn dal yn ôl y paratoadau heidio yn y gytref honno. Ar gyfer y dull hwn, symudwch y bocs magu presennol ar naill ochr ac yn ei le rhowch wahanlen ar y llawr a gosod y bocs magu newydd sy'n cynnwys fframiau o lenni cwyr ar ei ben. Tynnwch rai fframiau o'r canol i greu ychydig o le. Dewch o hyd i'r frenhines yn yr hen focs magu a rhowch hi mewn caets brenhines tra byddwch chi'n trin y cwch. Nawr ysgydwwch y gwenyn i gyd o'r hen grwybr i mewn i'r bwlch yn y bocs magu newydd, rhedwch y frenhines i mewn a llenwch y bwlch â'r fframiau sy'n weddill. Ychwanegwch ymborthwr (*feeder*) a rhowch ychydig o syryp ysgafn iddyn nhw, rhowch y to yn ei ôl a gadewch y cwch am ychydig ddyddiau. Pan ddewch chi'n ôl fe welwch chi un o wyrthiau byd natur – adeiladu crwybr. Rwy'n rhyfeddu bob amser pa mor gyflym mae'r gwenyn yn tynnu'r crwybr allan ac mae'n edrych mor ffres a glân pan fydd newydd gael ei adeiladu. Ar ôl ichi weld wyau a mag yn y crwybr newydd gallwch chi gael gwared ar y wahanlen sydd o dan y bocs magu. Roedd hon yno i atal y gytref rhag dianc, gallen nhw fod wedi gwneud hyn oherwydd ichi eu cymryd o'u nyth magu cynnes braf a'u hysgwyd i focs gwag!

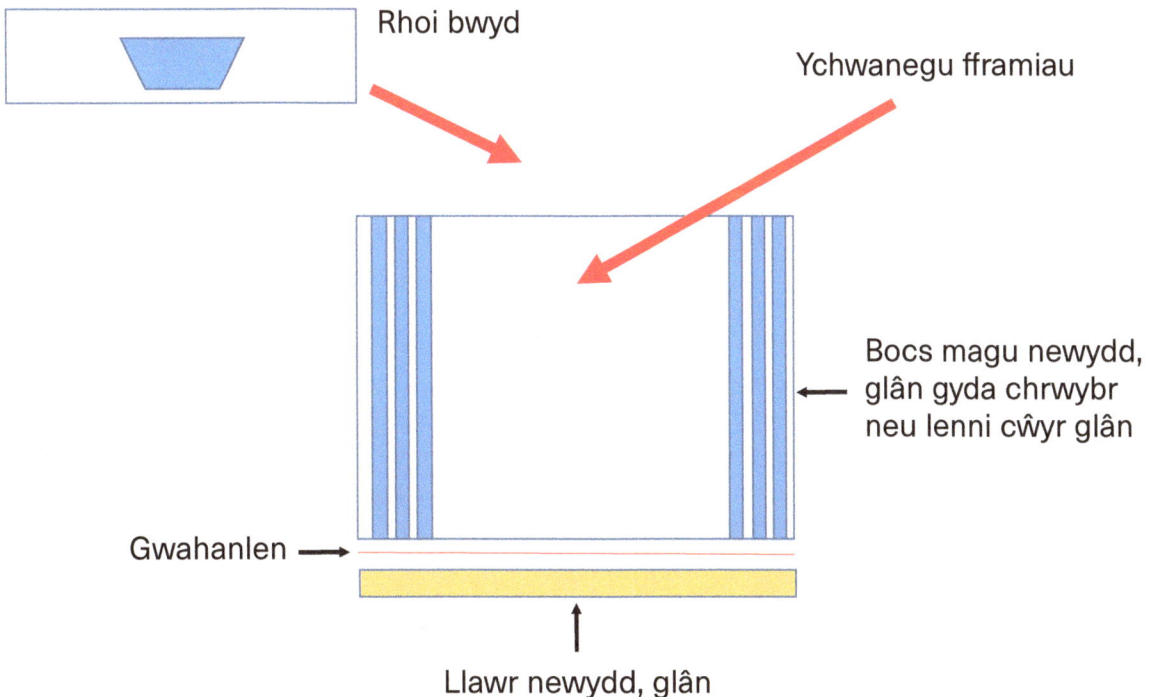

Rhoi bwyd

Ychwanegu fframiau

Bocs magu newydd, glân gyda chrwybr neu lenni cŵyr glân

Gwahanlen

Llawr newydd, glân

↑ Mae'r diagram hwn yn dangos sut mae gwneud haid wedi'i hysgwyd. Mae'r bwlch rhwng y crwybrau'n eich galluogi i ysgwyd y gwenyn oddi ar yr hen fframiau i mewn i'r bocs glân. Yna rydych chi'n ychwanegu gweddill y fframiau newydd ac yn rhoi bwyd iddyn nhw. Fyddan nhw ddim yn hir cyn tynnu crwybr newydd er mwyn rhoi rhywle newydd i'w brenhines ddodwy.

↑ Mae'r ffrâm hon yn dod o gytref bythefnos ar ôl Haid wedi'i Hysgwyd. Tynnwyd y bocs magu cyfan gyda nyth magu dros 6 ffrâm yn y canol.

Nid yn unig mae'r dull Haid wedi'i Hysgwyd yn ffordd ddefnyddiol o atal heidio rhag dechrau digwydd, ond hefyd mae'n ffordd wych o leihau lefelau Varroa yn gynnar yn y tymor. Mae mwyafrif y gwiddon Varroa mewn cytref wedi'u cuddio'n ddiogel yn y celloedd mag wedi'u selio ac maen nhw'n bwydo ar y gwenyn sy'n datblygu. Pan fyddwch chi'n cael gwared ar yr hen grwybr a'r fag i gyd rydych chi'n cael gwared ar y rhan fwyaf o'r Varroa o'r gytref honno. Mae hon yn sefyllfa lle mae'r gwenyn yn ennill ddwy ffordd, ac ond i chi eu helpu gydag ychydig o fwyd, byddan nhw'n ymateb ac yn cynyddu i'w llawn rym yn gyflym iawn. Nawr mae eich gwenyn yn iach ac yn eu llawn rym – dewch â'r haf!

6.

Y Wenynfa ym mis Mehefin

Mae mis Mehefin yn adeg hyfryd o'r flwyddyn ac yn un brysur i wenynwyr. Ar ryw bwynt, mae'n debygol y bydd angen ichi reoli ysfa eich haid i heidio. Does dim cywilydd mewn bod â chytref sy'n paratoi i heidio – mae hyn yn hollol normal. Dyma mae gwenyn yn ei wneud i atgenhedlu eu cytref ac i sefydlu cartref newydd. Fel gwenynwyr byddwn ni'n treulio llawer o'n hamser yn ceisio lleihau'r ysfa hon neu ei dal yn ôl hyd nes bod yn rhaid inni weithredu. Mae rhesymau da pam dylen ni reoli heidio a cheisio ei atal:

* Colli'r cnwd mêl os yw eich cytref yn haneru o ran maint yn sydyn
* Lledaenu clefydau gan gynnwys Varroa
* Poendod i'r cyhoedd – dydy pawb ddim yn dwlu ar wenyn cymaint â ni!

Er gwaethaf ymchwil helaeth, does dim un ysgogiad wedi'i adnabod sy'n achosi heidio. Mewn gwirionedd, mae cyfuniad o ffactorau'n cyfrannu'n rhannol, a'r her yw ceisio rheoli'r holl ffactorau hyn. Gadewch inni weld beth gallwn ni ei wneud.

* Rhoi lle yn y nyth magu ac yn y llofftydd mêl. Gorlenwi yw un o'r ysgogiadau sy'n gallu arwain at heidio. Rhowch ddigon o le i'r frenhines ddodwy; gall hyn olygu ychwanegu ail focs magu neu lofft fêl (fel bod mag a hanner gyda chi). Peidiwch ag anghofio ychwanegu'r llofftydd mêl cyn bod angen un arnyn nhw. Mae angen lle ar wenyn i brosesu neithdar a hefyd mae angen lle arnyn nhw i ymlacio a gorffwyso. Pan fydd gennych chi gytref fawr, fydd dim digon o le yn y bocs magu iddyn nhw.
* Archwiliwch bob wythnos i chwilio am arwyddion o gelloedd brenhines sy'n dangos bod y gwenyn yn paratoi i heidio. Gweithredwch yn briodol os ydych chi'n dod o hyd iddyn nhw.
* Defnyddiwch gytrefi sy'n ehangu'n gyflym (gan mai'r rhain yw'r rhai sy'n fwyaf tebygol o heidio) i'w rhannu. Fydd hyn ddim yn atal heidio, ond bydd yn ei ddal yn ôl.

Os gwelwch chi gelloedd brenhines heb eu selio wrth archwilio, mae'n bryd gweithredu. Gallwch chi ddefnyddio nifer o ddulliau o reoli heidiau, ac mae'n werth darllen am y rhain ymhell cyn i'r tymor ddechrau, fel eich bod chi'n barod. Mae gan CGC nifer o lyfrynnau diddorol ar y pwnc hwn sydd ar gael ar y wefan.

Cynhaeaf mêl y gwanwyn

Mewn tymor da, pan oedd y gwanwyn yn gynnes a digon o fwyd ar gael i'w gasglu, efallai byddwch chi'n ddigon ffodus i gael llofft lawn o fêl sy'n werth ei dynnu. Mae mêl y gwanwyn yn dod yn bennaf o goed fel y ddraenen wen, coed ffrwythau a'r sycamorwydden. Mae ei liw yn tueddu i fod yn dywyllach na

← Mae rheoli heidio'n bwysig yn enwedig pan fydd gennych chi orsaf lein fach sy'n llawn o dwristiaid ar waelod eich gardd!

mêl yr haf ac mae'n werth chweil ei dynnu ichi gael mwynhau ei flas. Hefyd, os yw eich gwenyn wedi bod yn gweithio olew had rêp, mae angen ichi dynnu'r llofftydd mêl hynny'n brydlon. Bydd mêl olew had rêp yn gronynnu (*granulate*) yn gyflym iawn felly mae angen ichi ei dynnu cyn i hyn ddigwydd, neu fel arall fyddwch chi ddim yn gallu ei droelli allan o'r fframiau.

Efallai y byddwch chi wedi clywed pobl yn cyfeirio at 'Fwlch mis Mehefin' ('*June Gap*'). Toriad naturiol yw hwn yn y neithdar sydd ar gael pan fydd blodau'r gwanwyn yn gwywo ond cyn bod blodau'r haf yn doreithiog. Gall fod yn broblem i gytrefi mawr oherwydd byddan nhw'n methu dod o hyd i ddigon o fwyd i'w cynnal eu hunain ac, os ydych chi wedi tynnu cnwd y gwanwyn, efallai y byddan nhw'n mynd yn brin o storau yn fuan iawn. Dydy hyn ddim yn digwydd bob blwyddyn, ond mae angen ichi fod yn ymwybodol ohono. Wrth archwilio bob wythnos, nodwch faint o storau sydd gan y gwenyn ac os ydyn nhw'n lleihau yn hytrach nag yn cynyddu, efallai bydd angen ichi ystyried rhoi ychydig o fwyd i'w cadw i fynd. Mae angen cydbwyso pethau braidd oherwydd dydych chi ddim eisiau iddyn nhw storio syryp yn eu llofftydd mêl, ond ar yr un pryd dydych chi ddim eisiau i'r gytref gael ei dal yn ôl gan y gallai hyn effeithio ar ei gallu i ddod â chnwd yr haf i mewn i'r cwch. Fel erioed, mae monitro a chofnodi'n ddefnyddiol er mwyn cymharu o un wythnos i'r nesaf.

Varroa

Cadwch lygad ar lefelau Varroa yr adeg hon o'r flwyddyn. Mae'n hawdd meddwl bod y gytref yn gwneud yn dda gan ei bod hi'n llenwi'r cwch, ond yn y dyfnderoedd mae'r hen widdon Varroa yn magu'n hapus yn rhai o'r celloedd mag, yn enwedig mag gwenyn gwryw (*drones*). Defnyddiwch loriau rhwyll agored gyda'r bwrdd archwilio i mewn am ryw wythnos ac yna cyfrwch nifer y gwiddon ar y bwrdd a rhannwch hyn â nifer y diwrnodau y defnyddiwyd y bwrdd archwilio. Mae hyn yn rhoi nifer y gwiddon sy'n cwympo bob dydd ac mae ffigurau dros 10 yn dangos bod angen triniaeth.

Y demtasiwn yw osgoi trin tra mae'r llofftydd mêl yn eu lle, ond gall hyn fod yn gamgymeriad os yw niferoedd y Varroa yn cynyddu'n gyflym, a'r canlyniad posibl fyddai bod y gytref yn methu'n sydyn iawn tua chanol i ddiwedd yr haf. Mae'r manylion llawn am y triniaethau sydd ar gael ar BeeBase ond fel arall, mae ffyrdd eraill i'w cael o reoli Varroa nad ydyn nhw'n cynnwys triniaethau cemegol ac y dylen nhw fod yn rhan o'ch trefn Rheoli Plâu yn Integredig (*Integrated Pest Management*).

Mae'n bosibl cael gwared ar fag gwenyn gwryw i wneud hyn. Os yw ffrâm llofft fêl wedi'i thynnu yn cael ei rhoi yn lle ffrâm o fag, bydd y gwenyn bron bob amser yn adeiladu crwybr gwenyn gwryw yn y bwlch o dan ffrâm y llofft fêl. Ar ôl i'r frenhines orffen dodwy yn y ffrâm ac ar ôl i'r gwenyn selio'r crwybr, torrwch ef i ffwrdd a'i daflu i ffwrdd. Bydd yn cynnwys nifer sylweddol o widdon Varroa y gytref gan ei bod hi'n well ganddyn nhw fridio ym mag y gwenyn gwryw. Gwnewch yn siŵr eich bod yn cael gwared ar fag gwenyn gwryw wedi'i chapio os ydych chi'n defnyddio'r dull hwn ac nad ydych chi'n gadael i'r gwenyn gwryw ymddangos, neu byddwch chi'n rhyddhau ton ffres o widdon i mewn i'r gytref ac yn gwneud pethau'n waeth! Dewis arall fyddai gosod ffrâm wedi'i rhannu'n dair rhan a'i gosod fel bod adran yn barod i'w thynnu bob wythnos. Mae dulliau effeithiol eraill o reoli Varroa heb ddefnyddio triniaethau cemegol ac mae disgrifiadau llawn i'w cael ar BeeBase yn y llyfryn 'Managing Varroa'.

↑ Tynnu mag gwenyn gwryw yn wythnosol.

Cadwch lygad am glefydau

Cofiwch chwilio am arwyddion eraill o glefydau yn eich cytrefi ar yr adeg hon o'r flwyddyn. Mae mis Mehefin yn adeg dda i chwilio am glefydau fel clefyd Ewropeaidd y gwenyn a chlefyd mag sialc fel y disgrifiwyd ym mis Ebrill.

7.

Y Wenynfa ym mis Gorffennaf

Ystyr llythrennol 'Gorffennaf' yw 'gorffen neu ddiwedd yr haf' ac ers dod yn wenynwr rwyf wedi sylweddoli pa mor wir yw hyn. Yn blentyn, rydych chi'n meddwl am fis Gorffennaf fel dechrau'r haf oherwydd mai dyma pryd mae eich gwyliau'n dechrau, ond i wenynwr, mis Gorffennaf yw'r adeg i ddechrau meddwl am baratoadau'r gaeaf. Wrth gwrs, bydd llawer ohonon ni'n dal i gael llif neithdar, yn delio â heidiau hwyr, ac yn paratoi at y grug, ond peidiwch â gadael i'r gweithgareddau hyn dynnu eich sylw oddi ar y ffaith bod angen cytrefi cryf, iach i oroesi drwy'r gaeaf nesaf.

Daliwch ati i fonitro'r lefelau Varroa a rhowch driniaeth os oes angen. Y demtasiwn yw aros tan i'r mêl gael ei dynnu, ac mae hynny'n gywir, gan na ddylai rhai triniaethau gael eu defnyddio gyda'r llofftydd mêl yn eu lle. Fodd bynnag, os yw'r gytref bron â methu'n barod, os oes tystiolaeth o firws adenydd wedi'u hanffurfio ac os yw'r gwiddon yn amlwg ar y gwenyn, byddwn i'n argymell mynd i'r afael â hyn nawr er mwyn diogelu'r gytref. Cyfeiriwch at gyngor yr Uned Wenyn Genedlaethol yn y llyfryn 'Managing Varroa' i gael manylion y gwahanol driniaethau a sut i'w defnyddio nhw.

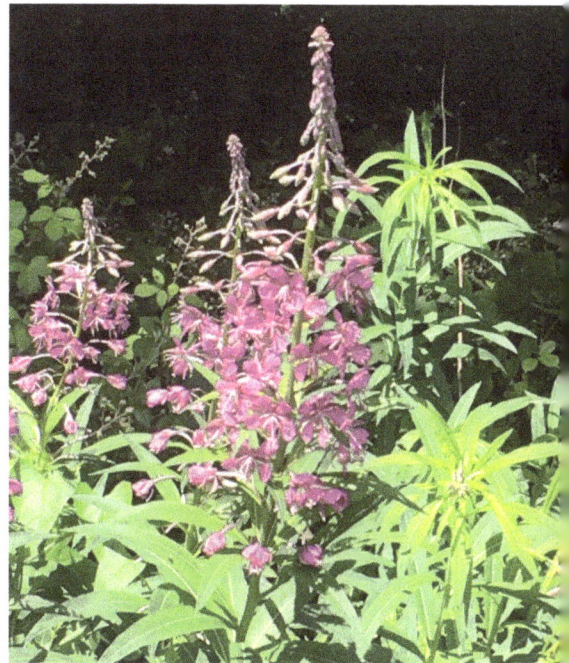

↑ Mae'r helyglys hardd yn ffynhonnell fwyd gyffredin a phwysig i'r gwenyn yr adeg hon o'r flwyddyn.

Cynaeafu mêl

Ar yr adeg hon o'r flwyddyn, bydd y gwenyn yn dibynnu ar flodau gwyllt gan y bydd y rhan fwyaf o'r cnydau âr wedi gorffen blodeuo. Mieri a helyglys hardd (*rosebay willowherb*) yw'r prif flodau i lawer ohonon ni yng Nghymru ac os yw'r tywydd yn garedig, gallan nhw roi cnydau mêl da. Efallai bydd ychydig o straen ar eich stoc o offer ar yr adeg hon o'r flwyddyn gan fod llofftydd mêl ar y cychod i gyd. Tynnwch y mêl cyn gynted ag y bydd wedi'i gapio ac yna gallwch chi ailddefnyddio'r llofftydd mêl os yw'r gwenyn yn dal i ddod â neithdar i mewn. Defnyddiwch fyrddau clirio o dan y llofftydd mêl llawn i fynd â'r gwenyn o'r cwch ac, os yw'n bosibl, rhowch lofft fêl wag iddyn nhw o dan y bwrdd clirio i roi ychydig o le iddyn nhw. Mae llawer o ddulliau gwahanol ar gael er mwyn clirio gwenyn o lofftydd mêl. Mae'r rhan fwyaf ohonyn nhw'n dibynnu ar egwyddor falf unffordd, hynny yw, mae'r gwenyn yn gadael y llofftydd mêl ond maen nhw'n methu dychwelyd. Does dim un 100% yn effeithiol, ond mae'n hawdd brwsio unrhyw wenyn sydd ar ôl oddi ar y fframiau. Gyda'r nos yw'r adeg orau i dynnu llofftydd mêl o'r wenynfa, pan fydd y gwenyn wedi stopio hedfan. Fel arall, mae perygl y bydd llawer o wenyn awyddus drosoch chi i gyd, pob un yn ceisio mynd yn ôl i mewn i'ch llofftydd mêl chi!

Amddifyn yn erbyn lladrata

Cofiwch, pan na fydd gwenyn ar y llofftydd mêl, eu bod nhw'n agored iawn i ladron. Wrth hyn rwy'n golygu gwenyn o gytrefi eraill sy'n gweld cyfle ar ôl dod o hyd i ffynhonnell gyflym a hawdd o fwyd. Mae gwenyn sy'n lladrata'n gallu bod yn boendod go iawn, ac oherwydd system gyfathrebu hynod effeithiol y gwenyn mêl, nid un wenynen yn unig sy'n lladrata byth. Bydd hi'n recriwtio byddin o ladron o'i chytref ac os yw'r gytref sy'n cael ei lladrata'n rhy wan i'w hamddiffyn ei hunan, buan iawn y bydd hi'n colli ei storau i gyd ac efallai bydd y gytref honno'n marw o ganlyniad.

Mae gwenyn sy'n lladrata'n gallu lledu clefydau, gwanhau cytrefi, ac achosi i'r gytref sy'n dioddef lladrata fynd yn amddiffynnol iawn ac yn anodd ei thrin. Mae llawer o bethau y gall y gwenynwr eu gwneud i atal sefyllfa ladrata rhag datblygu, gan gynnwys:

◆ Cynnal a chadw offer yn dda – cywirwch unrhyw dyllau neu fylchau mewn da bryd. Byddwch yn arbennig o wyliadwrus pan fyddwch chi'n rhoi byrddau clirio ar y gwenyn gan na fydd y gwenyn a oedd yn amddiffyn unrhyw dyllau yn y man cywir nawr!

◆ Ceisiwch gynnal cytrefi cryf – rydyn ni i gyd yn ceisio achub cytrefi gwan, ond efallai mai ofer yw gwneud hyn, a'r rhain yw'r rhai mwyaf tebygol i ddioddef lladrata.

◆ Peidiwch â gadael crwybrau allan yn yr awyr agored lle gall gwenyn gael mynediad atyn nhw. Os oes unrhyw storau yn y crwybrau hyn, byddan nhw'n cael eu lladrata cyn pen dim, a gallan nhw greu ysfa sy'n gwneud i'r gwenyn hyn chwilio am ffynonellau posibl eraill.

◆ Bwydwch y gwenyn gyda'r nos ar ôl iddyn nhw stopio hedfan a cheisiwch beidio â gollwng unrhyw syryp, fel nad yw'r gwenyn yn sylweddoli ei bod hi'n bosibl bod pryd o fwyd hawdd ar gael.

Os yw cytref wedi dechrau dioddef oherwydd lladron o gytref arall, yna gwnewch y fynedfa'n llai fel ei bod hi'n haws ei gwarchod hi. Os nad yw hyn yn gweithio, eich dewis gorau yw symud y gytref sy'n dioddef lladrata i safle arall a rhoi cyfle iddi ymadfer.

Gwyliwch y gwenyn meirch

Nid gwenyn yn unig sy'n creu perygl, ond mae gwenyn meirch (*wasps*) yn gallu bod yn broblem go iawn ar ddiwedd yr haf wrth iddyn nhw newid eu deiet o brotein i siwgr. Mae cychod yn mynd yn ddeniadol iawn iddyn nhw, a byddan nhw'n gorfodi eu ffordd i mewn er mwyn lladrata'r mêl o'r crwybrau. Bydd cytrefi cryf yn

↑ Mae sawl math gwahanol o fwrdd clirio. Y math rhombws a diangfeydd (*escapes*) gwenyn Porter.

↑ Dull syml o atal gwenyn meirch gan ddefnyddio cwndid (*conduit*) trydanwr. Mae'r gwenyn yn dod o hyd i'r mynedfeydd ar y ddau ben, ond mae'r gwenyn meirch yn tueddu i beidio.

mynd yn amddiffynnol iawn ac yn llwyddo i gadw'r lladron allan. Ond fydd cytrefi gwan ddim yn ymdopi ag ymosodiadau'r gwenyn meirch, ac mae'n weddol gyffredin gweld cytref yn colli ei storau i gyd ac yna'n marw o newyn. Gwyliwch am wenyn meirch yn symud o gwmpas mynedfeydd eich cychod ac yn sleifio i mewn heibio i'r gwenyn gwarchod. Os dechreuwch chi weld hyn, mae'n bryd gweithredu. Mae'n ymddangos nad yw trapiau gwenyn meirch yn ddigon penodol, ac mae dadl mai'r cyfan y maen nhw'n ei wneud yw denu rhagor o wenyn meirch i'r ardal. Hefyd maen nhw'n gallu dal a lladd pryfed eraill sy'n hedfan, gan gynnwys ein cacynen Ewropeaidd frodorol (*European hornet*), sy'n drueni mawr gan fod y rhain yn bryfed hardd nad ydyn nhw'n achosi problem inni. Mae lloriau ar gael gyda mynedfeydd oddi tano, y mae gwenyn yn dysgu eu defnyddio ond nad yw gwenyn meirch yn gallu gwneud hynny, yn ogystal â dyfeisiau eraill i leihau mynedfa'r cwch. Os oes gennych chi gytref sy'n dioddef ymosodiad difrifol gan wenyn meirch, eich dewis gorau yw ei symud i safle arall.

Rwyf wedi nodi rhai o'r pethau sy'n gallu mynd o chwith, ond gobeithio y bydd hon yn adeg ffrwythlon o'r flwyddyn i chi ac i'ch gwenyn ac y byddwch chi'n gallu medi'r cynhaeaf o'ch ymdrechion y tymor hwn. Byddwch yn drefnus ac yn daclus yn eich ystafell echdynnu, gan ei bod hi hefyd yn gegin i lawer ohonon ni! Mae gweminar ar gynaeafu mêl ar gael ar wefan CGC pe hoffech chi weld rhagor am y broses sy'n gysylltiedig â hyn. Rwy'n addo, mae'n werth yr holl loriau gludiog a'r glud gwenyn ar y cownteri pan welwch chi eich cynnyrch mewn jar am y tro cyntaf – a gallaf eich sicrhau na fydd dim byd wedi blasu cystal erioed!

8.

Y Wenynfa ym mis Awst

Ar ôl prysurdeb yr ychydig fisoedd diwethaf, gyda chyfnodau, mae'n siŵr, pan oeddech chi'n teimlo mai'r gwenyn oedd yn eich rheoli chi yn hytrach na'r ffordd arall, dylai mis Awst gynnig cyfle ichi fwynhau eich gwenyn gan ymlacio ychydig bach yn fwy. Mae digon o bethau'n digwydd o hyd a bydd angen ichi barhau i archwilio bob wythnos i weld a oes heidio ar fin digwydd, yn ogystal â monitro am glefydau ac edrych i weld a yw'r breninesau'n perfformio.

Mis Awst yw mis y grug a'r mêl gwerthfawr hyfryd y mae'n ei gynhyrchu. Defnyddiwch gytrefi cryf sydd â breninesau ifanc i fynd at y grug. Bydd cnewyll (*nucs*) a gynhyrchwyd yn gynharach yn y tymor sydd wedi cynyddu i fod yn gytrefi maint llawn yn ddelfrydol i hyn. Mae'r breninesau'n ifanc ac yn fywiog a byddan nhw'n parhau i ddodwy yn hwyr i mewn i'r tymor fel bod llu cryf o wenyn i fynd allan i gasglu pan fydd y grug yn ei anterth. Edrychwch am safleoedd cysgodol reit ynghanol y grug fel nad oes yn rhaid i'r gwenyn hedfan yn bell. Mae'r tywydd yn gallu bod ychydig yn anwadal yr adeg hon o'r flwyddyn, yn enwedig yn yr uwchdir, felly gwnewch bethau mor hawdd ag sy'n bosibl i'r gwenyn. Os llwyddwch chi i fod â chytrefi cryf ac i gael tywydd poeth ym mis Awst, bydd gwledd yn eich aros, ond cofiwch fod yn ofalus mewn tywydd gwael oherwydd, os nad oes bwyd arall ar gael, fydd cytrefi mawr ddim yn hir cyn llwgu.

Archwilio bob wythnos

Daliwch i archwilio bob wythnos gan nad yw heidiau hwyr yn anghyffredin, er fy mod i bob amser wedi meddwl tybed pam mae gwenyn yn gwneud hyn mor hwyr yn y tymor. Rwy'n deall mai ymgais funud olaf yw hi i atgenhedlu, ond yn anaml y mae'n llwyddo a hithau mor hwyr yn y flwyddyn. Felly does bosibl y byddai'n well iddyn nhw fynd drwy'r gaeaf fel cytref fawr ac ymdrechu i heidio'n gynnar y tymor nesaf? Ond pwy ydw i i ddadlau â byd natur, ac efallai y gall rhywun arall gynnig esboniad?

Wrth archwilio, edrychwch ar batrwm dodwy'r breninesau. Cofnodwch faint o fframiau sydd â mag a sut mae patrwm y fag yn edrych, h.y. a yw'n batrwm dodwy cyson neu a oes llawer o gelloedd sydd wedi'u colli? Faint o fag gwenyn gwryw sy'n cael ei chynhyrchu, ac a yw hyn yn digwydd yng nghelloedd y gweithwyr? Yr adeg hon o'r flwyddyn, mae'n hynod bwysig bod gennych chi frenhines iach, hyfyw gan fod angen iddi gynhyrchu'r gwenyn a fydd yn mynd â'r gytref drwy'r gaeaf. Os gwelwch chi dystiolaeth o frenhines sy'n dodwy gwenyn gwryw, yna mae'n amser cyflwyno brenhines newydd i'r gytref honno neu uno'r gytref ag un arall (ar ôl cael gwared ar y frenhines sy'n diffygio). Mae'n bosibl adnabod breninesau sy'n dodwy gwenyn gwryw oherwydd bod niferoedd mwy nag sy'n arferol o wenyn gwryw yn y gytref a bod gwenyn gwryw yn cael eu cynhyrchu mewn celloedd gweithwyr. Mae hyn yn digwydd oherwydd bod y frenhines yn dodwy wy i gynhyrchu gweithiwr ond gan ei bod hi wedi rhedeg allan o sberm, dydy'r wy ddim yn cael ei ffrwythloni a gwenynen wryw yw'r canlyniad. Mae'r gwenyn magu (*nurse bees*) yn ehangu'r gell i gynnwys y wenynen wryw, a'r canlyniad yw mag gweithwyr sydd wedi'i chodi ac sy'n fwy cnapiog (*knobbly*) nag arfer.

Disodli'r frenhines

Hefyd dyma'r adeg o'r flwyddyn i chwilio am arwyddion bod y frenhines yn cael ei disodli. Mae'r gytref yn sylweddoli bod angen disodli ei brenhines, ac yn cymryd camau i gynhyrchu brenhines newydd tra bydd yr un newydd yn y cwch o hyd. Mae'n arwydd o hen frenhines, sy'n diffygio, neu efallai o frenhines newydd na chafodd ei pharu'n gywir ac mae'r gytref yn sylweddoli nad yw hi'n hyfyw. Nodwedd ar hyn yw cynhyrchu un neu ddwy o gelloedd brenhines yn unig, fel arfer ynghanol un neu ddwy o fframiau mag. Pan fydd y frenhines newydd yn ymddangos, mae'n eithaf cyffredin i'r hen frenhines a'i merch gyd-fyw wrth ochr ei gilydd a bydd y gytref yn penderfynu pryd i gael gwared ar yr hen frenhines. Os ydych chi'n gweld bod disodli'r frenhines yn digwydd mewn cytref, gadewch lonydd i bopeth a gadewch i'r gwenyn reoli'r sefyllfa. Dydy gwenyn ddim yn heidio pan fydd disodli'r frenhines ar y gweill, ond efallai bydd angen ychydig o brofiad er mwyn gwahaniaethu rhwng heidio a disodli. Bydd gwybod beth yw hanes y frenhines yn helpu; a yw hi'n dodwy'n arafach, oes tystiolaeth o fag gwenyn gwryw hwnt ac yma ar hap ynghanol mag y gweithwyr a beth yw ei hoed hi? Bydd crynhoi'r wybodaeth hon, yr ydych chi wedi bod yn ei chasglu'n ofalus yn eich cofnodion, yn eich helpu i ddeall beth sy'n digwydd.

Rheoli Varroa

I'r rhai ohonoch chi sydd wedi tynnu eich cnydau o fêl yr haf, dyma'r adeg ddelfrydol i feddwl am reoli Varroa. mae gan yr Uned Wenyn Genedlaethol daflen ddefnyddiol o'r enw 'Managing Varroa', y gallwch chi ei lawrlwytho yma: https://www.nationalbeeunit.com/index.cfm?pageid=167 ac mae'n rhoi llawer mwy o fanylion am y pwnc hwn. Gobeithio y byddwch chi wedi bod yn monitro lefelau Varroa yn y gytref drwy gydol yr haf, naill ai gyda bwrdd archwilio o dan lawr rhwyll (*mesh*) agored neu drwy dynnu capiau oddi ar fag gwenyn gwryw. Bydd y ddau ddull yn dangos ichi a yw'r lefelau Varroa yn eich cytref yn cyrraedd pwynt lle mae angen trin. Gan nad yw hi'n bosibl defnyddio rhai o'r triniaethau sydd ar gael pan mae llofftydd mêl ar y cwch, mae'r adeg hon o'r flwyddyn yn cynnig cyfle gwych i drin os oes rhaid.

Mae gwiddon Varroa yn esblygu drwy'r amser ac mae rhai wedi datblygu ymwrthedd i'r cemegion pyrethroid synthetig, sef y triniaethau cemegol mwyaf poblogaidd hyd at ryw ddeng mlynedd yn ôl. Mae hyn yn dangos bod angen inni fod yn fwy gofalus ynghylch defnyddio'r triniaethau sydd ar gael yn gyfrifol, fel eu bod nhw'n para'n hir ac er mwyn sicrhau bod gennyn ni driniaethau effeithiol ar gael i'w defnyddio yn y dyfodol.

Y rheolau aur yw:
* Rhowch driniaeth os oes angen yn unig.
* Darllenwch y cyfarwyddiadau ar y pecyn bob amser a defnyddiwch y dos cywir. Ewch â'r driniaeth o'r cwch ar ôl yr amser penodedig.
* Peidiwch â defnyddio'r un driniaeth bob tro. Mae defnyddio mathau gwahanol o driniaethau yn eu tro yn ei gwneud hi'n fwy anodd i'r gwiddon Varroa ddatblygu ymwrthedd.
* Ceisiwch gynnwys Rheoli Plâu yn Integredig (*IPM*) wrth reoli eich cytrefi'n gyffredinol. Mae defnyddio dulliau fel llawr rhwyllau, tynnu mag gwenyn gwryw neu osod trapiau ar y crwybrau yn ddulliau effeithiol i leihau llwythi'r Varroa.

Mae rhai bridwyr gwenyn yn dweud bod tystiolaeth o rywogaethau (*strains*) o wenyn sy'n gallu dioddef gwiddon Varroa yn haws. Gwych clywed hyn, ac mae'r gwenyn hyn yn arf pwysig arall yn ein harfogaeth yn erbyn gwiddon Varroa. Er nad oes gan lawer ohonon ni raglenni magu gwenyn, dylai hyd yn oed y rhai yn ein plith ni sy'n magu brenhines neu ddwy at ein defnydd ein hunain fod yn dewis o gytrefi sydd â'r lefelau Varroa isaf.

↑ Mae'r ffotograff hwn yn dangos dau fath o rug, *Calluna vulgaris* neu Grug cyffredin (y rhywogaeth oleuach a mwyaf niferus yn y llun) ac *Erica cineria* neu Grug y mêl.

Yn y llyfryn hwn dydyn ni ddim wedi manylu ar echdynnu mêl oherwydd byddai'n cymryd gormod o le! Ond, peidiwch ag ofni, mae gan CGC adnoddau hynod o dda i'ch helpu i gynllunio ac i gyflawni'r gweithgaredd hwn sy'n gallu creu llanast ond sy'n rhoi boddhad mawr. Ar wefan CGC (wbka.com) fe welwch chi lyfryn o'r enw 'Cynaeafu Mêl' gan Wally Shaw yn ogystal â gweminar wedi'i recordio gan Lynfa Davies. Mae'r ddau adnodd yn disgrifio'r broses gyda digon o ddelweddau a disgrifiadau i'ch helpu chi i ddeall beth fydd arnoch angen ei baratoi.

9.
Y Wenynfa ym mis Medi

Mae'r paratoadau at y gaeaf yn dechrau o ddifri nawr, ystyr hyn yw sicrhau bod gennyn ni gytrefi cryf, iach. O safbwynt y gwenyn, mae hyn yn golygu cynhyrchu gwenyn y gaeaf, sydd ychydig yn wahanol yn ffisiolegol i'r gweithwyr sy'n cael eu cynhyrchu yn y gwanwyn a'r haf. Mae gan wenyn y gaeaf fwy o fraster wrth gefn, sy'n cael ei gronni wrth iddyn nhw gael digon o baill i'w fwyta pan fyddan nhw'n larfae ac wrth iddyn nhw barhau i fwydo arno pan fyddan nhw'n oedolion ifanc. Mae paill yn adnodd gwerthfawr a phwysig iawn i'r gytref ac mae angen gwerthfawrogi ei bwysigrwydd yn llawn hyd yn oed ar ddiwedd y tymor fel hyn. Mae gwenyn y gaeaf yn defnyddio eu braster wrth gefn i oroesi dros y chwe mis nesaf a'u rhodd cyn ymadael â'r gytref yn ystod y gwanwyn cynnar fydd meithrin a bwydo'r gweithwyr newydd sy'n mynd â'r gytref yn ei blaen i'r tymor newydd. Dydych chi ddim eisiau i'r gwenyn hyn ddiffygio cyn y gallan nhw fagu gweithwyr newydd y gwanwyn, a dyma pam mae angen iddyn nhw gael digon o fwyd wrth iddyn nhw ddatblygu.

Gwirio am glefydau

Mae iechyd y gytref yn bwysig hefyd ar yr adeg hon o'r flwyddyn. Efallai fod triniaethau Varroa wedi'u rhoi neu ar y gweill, ond mae clefydau eraill y gallwn ni chwilio amdanyn nhw. Yn hytrach na dibynnu ar eich arolygydd gwenyn tymhorol i weld a oes clefydau yn eich cwch, beth am ddysgu rhai o'r arwyddion fel y gallwch chi wneud hynny eich hun – wedi'r cyfan, efallai na chewch chi ymweliad gan yr arolygydd bob blwyddyn. Fel y disgrifiwyd ym mis Ebrill, y peth cyntaf i ymdrin ag ef yw sut mae mag iach yn edrych. Dylai fod gan fag agored batrwm dodwy cyson gyda larfae iach, llawn, yn wyn fel perlau gyda segmentau amlwg ar siâp 'C'. Dylai mag wedi'i selio fod mewn slabiau gyda chapiau lliw fel bisgeden sy'n gyson ac yn sych. Os yw'r fag yn wahanol i hyn, dylen ni edrych eto. Y clefydau rydyn ni'n chwilio amdanyn nhw yw Clefyd Americanaidd y Gwenyn (*AFB*) a Chlefyd Ewropeaidd y Gwenyn (*EFB*). Mae AFB yn effeithio ar y larfae ar ôl iddyn nhw gael eu selio ac mae capiau tywyll, seimllyd, pantiog i'w gweld. O dan y capiau hyn mae larfae marw, sy'n pydru. Ar y camau diweddaraf mae cennau caled, sych, i'w gweld ar ochr isaf y celloedd. Mae EFB yn lladd y larfae cyn iddyn nhw gael eu capio. Mae'n achosi i'r larfae edrych fel tasen nhw wedi troi yn eu celloedd ac maen nhw'n newid lliw o wyn i felyn ac yna'n frown wrth iddyn nhw bydru. Maen nhw'n edrych fel tasen nhw wedi toddi wrth iddyn nhw golli eu segmentau. Os ydych chi'n amau unrhyw un o'r clefydau hyn, dylech chi gau'r cwch a ffonio eich arolygydd gwenyn.

Clefydau eraill y gallech chi ddod ar eu traws yw mag sialc (*chalkbrood*), yn enwedig mewn cytrefi gwan, mag sachau (*sacbrood*), sydd weithiau'n cael ei ddrysu ag EFB, a syndrom gwiddon parasitig sy'n ganlyniad i bla Varroa trwm. Dydy hi ddim yn hawdd dysgu sut mae adnabod y clefydau hyn, yn enwedig oherwydd eich bod chi'n annhebygol iawn o ddod ar draws rhai ohonyn nhw. Ond peidiwch â gadael i hynny eich atal rhag rhoi cynnig arni a mynd i'r arfer o edrych yn gyson ar eich cytrefi. Ewch i'r gweithdai clefydau lleol y mae'r arolygwyr gwenyn yn eu trefnu a defnyddiwch y wybodaeth ar BeeBase (www.nationalbeeunit.com) sy'n sôn am y clefydau i gyd a sut i'w trin neu'u rheoli nhw.

Rhwogaethau ymledol

Bydd Jac y Neidiwr (*The Himalayan Balsam, Impatiens glandulifera*), yn ei lawn flodau nawr. Mae'r planhigyn anfrodorol hwn yn un anhygoel o anhygoel o ymledol (*invasive*), ac mewn rhai ardaloedd, mae clirio dalgylchoedd afonydd yn digwydd er mwyn ceisio cael gwared arno. Beth bynnag yw eich barn am y planhigyn dadleuol hwn, mae'n cynnig ffynhonnell neithdar ddefnyddiol sy'n rhoi cynhaeaf o fêl ar ddiwedd y tymor i lawer o wenynwyr. Yn eironig, mae planhigyn ymledol anfrodorol arall, sef clymog Japan (*Japanese knotweed, Fallopia japonica*), hefyd yn hynod ddeniadol i bryfed pan fydd yn blodeuo ar ddiwedd yr haf/dechrau'r hydref, ond dwi ddim yn credu y byddai unrhyw un ohonon ni'n hoffi gweld y planhigyn ymosodol hwn yn ymledu ymhellach! Cofiwch ei bod hi'n anghyfreithlon i blannu un o'r planhigion hyn yn y gwyllt neu adael iddyn nhw dyfu yn y gwyllt ac os ydych chi'n eu tyfu nhw yn eich gardd, does dim hawl i'w gadael i ymledu i'r gwyllt.

Cadwch lygad am y Gacynen Asiaidd, *Vespa velutina*. Os bydd hi'n ymsefydlu yn y DU, bydd hi'n bla sylweddol o ran gwenyn a phryfed eraill, ac mae'n rhaid inni wneud popeth posibl i atal hyn rhag digwydd. Ar yr adeg hon o'r flwyddyn, mynedfeydd cychod a hefyd iorwg yn ei flodau yw'r mannau gorau i weld y cacwn wrth iddyn nhw ysglyfaethu ar wenyn a phryfed eraill. Fel gwenynwyr, gallwn ni chwarae rhan allweddol wrth eu monitro nhw yn ogystal ag addysgu pobl eraill ynghylch yr hyn y dylen nhw gadw llygad amdano.

← Mae larfae iach yn wyn fel perlau, mae'r segmentau i'w gweld ac maen nhw'n gorwedd ar siâp C.

Bwydo

Os ydych chi wedi gorffen tynnu eich cnwd o fêl, mae'n bryd bwydo'r gwenyn os nad oes digon o storau gyda nhw at y gaeaf. Fel canllaw bras, bydd angen 20-25kg o storau ar bob cytref at y gaeaf. Yr adeg hon o'r flwyddyn, mae'n bosibl bwydo swmp o syryp (naill ai bwyd gwenyn masnachol neu syryp wedi'i wneud o siwgr a dŵr) gan ddefnyddio ymborthwr cyflym (*rapid feeder*). Mae'n eistedd ar ben y bocs magu neu'r llofft fêl (os yw'r gytref yn gaeafu fel mag a hanner) a bydd y gwenyn yn ei wacáu'n gyflym ac yn llenwi eu crwybrau. Bwydwch gyda'r nos a gofalwch beidio â gollwng syryp yn y wenynfa neu gallech chi ysgogi lladrata. Os ewch chi i ymweld â'r wenynfa gyda'r nos wrth fwydo byddwch chi'n clywed hymian anhygoel o gryf o'r cychod wrth i'r gwenyn guro eu hadenydd ar y crwybrau ac wrth y fynedfa i greu cerrynt aer er mwyn anweddu'r dŵr sydd dros ben.

Ar yr adeg hon o'r flwyddyn, byddwch chi'n gweld y cytrefi'n taflu'r gwenyn gwryw allan o'r cychod. Mae gwenyn gwryw yn bwysig yn ystod yr haf, ond, gwaetha'r modd iddyn nhw, maen nhw'n rhy ddrud i'w cadw dros y gaeaf a bydden nhw'n bwyta gormod o'r storau mêl gwerthfawr. Byddwch chi'n eu gweld nhw'n cael eu llusgo allan o'r mynedfeydd a ddim yn cael dychwelyd. Pan welwch chi hyn yn digwydd, rydych chi'n gwybod go iawn fod y tymor ar ben.

↑ O'r chwith i'r dde: Ymborthwr (*feeder*) ffrâm sy'n cael ei ddefnyddio y tu mewn i'r bocs magu lle mae'n hongian yn lle un o'r fframiau magu. Mae angen fflôt, neu ffyn bach i atal y gwenyn rhag boddi. Ymborthwyr cyswllt. Mae'r un gwyn ar gael mewn nifer o feintiau. Pan fydd wedi'i droi ben i waered dros y caead, mae'r gwenyn yn gallu mynd at y syryp drwy rwyllen yn y clawr. Mae angen lloft fêl wag i'w osod ynddi. Ymborthwyr cyswllt wedi'i wneud gartref yw'r jar gwydr bach. Gallwch ei ddefnyddio ar gnewyll (*nucs*) neu ar gytrefi maint llawn i roi ychydig o fwyd. Mae tyllau bach yn y clawr ac mae'r gwenyn yn gallu mynd at y syryp drwy'r rhain pan mae'r jar yn cael ei droi ben i wared dros y twll yn y clawr. Ymborthwyr mawr (*jumbo*) neu ymborthwyr cyflym yw'r ymborthwyr ar y dde. Mae'n bosibl rhoi mwy o syryp ar unwaith ac mae'r gwenyn yn mynd ato drwy ddringo drwy'r tyllau sydd â chwpanau plastig drostyn nhw i atal y gwenyn rhag boddi. I gael rhagor o fanylion am fwydo gwenyn, edrychwch ar lyfryn Wally Shaw ar wefan CGC (wbka.com), sef 'Bwydo Gwenyn'.

10.

Y Wenynfa ym mis Hydref

Erbyn hyn, byddwch chi wedi gorffen archwilio'n rheolaidd a bydd y triniaethau Varroa wedi'u rhoi i gyd. Y flaenoriaeth yw sicrhau bod gan y cytrefi ddigon o storau i bara drwy'r gaeaf. Efallai y bydd y gwenyn yn casglu bwyd o Jac y Neidiwr a'r iorwg, os yw'r tywydd yn caniatáu, gan ychwanegu rhagor o storau at eu cronfeydd wrth gefn.

Bydd angen tynnu gweddillion triniaethau Varroa o'r cychod. Mae'n rhaid tynnu stripiau'n llawn cemegion allan o'r cytrefi yn ôl y cyfarwyddiadau. Os ydych chi'n eu gadael nhw yn y cwch y tu hwnt i'r cyfnod penodedig, bydd y gwiddon yn cael dos isel parhaus o'r cemegyn, sy'n golygu ei bod hi'n haws iddyn nhw ddatblygu ymwrthedd (*resistance*).

Hefyd mae angen gorffen bwydo'r mis hwn. Os ydych chi'n bwydo syryp wedi'i wneud o siwgr a dŵr, mae angen i'r gwenyn ei aeddfedu a thynnu'r dŵr sydd dros ben. Mae hyn yn cymryd cryn ymdrech ac mae angen tymheredd cynnes i anweddu'r dŵr. Felly, os ydych chi'n gwneud eich syryp eich hun, sicrhewch eich bod yn gorffen bwydo tra mae'r amodau'n ddigon mwyn i'r gwenyn ei aeddfedu. Canlyniad storau anaeddfed yw eplesu (*fermentation*) yn y crwybrau a dysentri yn y gwenyn. Os ydych chi'n defnyddio bwyd parod i wenyn, gallwch chi fforddio bwydo hwn ychydig yn hwyrach i mewn i'r tymor gan ei fod yn cael ei gyflwyno i'r gwenyn ar ffurf hawdd ei threulio. Byddwn i'n anelu at orffen y bwydo i gyd cyn diwedd mis Hydref rhag ofn inni gael cyfnod o dywydd oer ym mis Tachwedd. Bydd tywydd fel hyn yn achosi i'r gwenyn greu clwstwr ac anwybyddu unrhyw syryp yn yr ymborthwr, ac efallai yn y pen draw y bydd cytrefi gyda chi heb ddigon o storau i bara drwy'r gaeaf.

Dyma'r amser i dynnu'r gwahanlenni, yn enwedig os ydych chi'n gaeafu ar gychod o fag a hanner neu fag dwbl. Yn ystod y gaeaf bydd y clwstwr o wenyn yn symud yn raddol o gwmpas y bocsys er mwyn defnyddio'r storau. Mae'n hanfodol bod y frenhines yn gallu mynd i ble bynnag mae'r clwstwr yn mynd – byddai hi'n drychineb petai hi'n cael ei dal ymhell oddi wrth y clwstwr. Manteisiwch ar y cyfle i lanhau'r wahanlen, gan dynnu unrhyw grwybr cyplysu yn barod at y gwanwyn nesaf.

Paratoi at y gaeaf

Yn ogystal, mae'n werth edrych dros gyflwr y cychod cyn i dywydd y gaeaf gyrraedd. Os gwelwch chi dyllau yn y bocsys, neu ddifrod iddyn nhw, symudwch y gwenyn i focs newydd a mynd â'r bocsys sydd wedi'u difrodi i gael eu trwsio. Mae corneli bocsys yn gallu dioddef oherwydd eich bod yn rhy frwd wrth ddefnyddio offer gwenyna, a dyma lle mae difrod yn digwydd yn aml. Hefyd mae'n rhaid i'r toeon gadw'r tywydd allan ac maen nhw'n aml yn dod yn rhydd ar y corneli.

Hefyd, dylech chi amddiffyn yn erbyn plâu'r gaeaf y mis hwn. Mae gardiau llygod yn cael eu gosod ar y fynedfa i'w hatal rhag sleifio i mewn ac ymgartrefu yn yr hafan gynnes, sy'n llawn o fwyd. Yn ystod yr haf bydd y gytref yn ei hamddiffyn ei hun yn erbyn y plâu hyn, ond yn y gaeaf pan fydd y gwenyn mewn clwstwr, fydd neb yn amddiffyn y fynedfa. Bydd y llygod yn cnoi'r crwybr gan fwyta unrhyw ddarnau o fag neu fêl sydd at eu dant. Ar yr un pryd, byddan nhw'n

↑ Mae'r cwch hwn wedi'i amddiffyn rhag cnocellau â gwifrau ieir. Hefyd mae ganddo gard llygod dros y fynedfa ac mae strapen yn ei lle yn barod at stormydd y gaeaf. Hefyd byddwch chi'n sylwi bod y gytref hon wedi'i threfnu gyda'r lloft fêl o dan y bocs magu. Mae'r lloft fêl hon yn llawn o storau, a thrwy ei gosod o dan y bocs magu, mae'r gwenyn yn symud y storau i fyny i'r man lle maen nhw eu hangen nhw, ond yn bwysicach, yn y gwanwyn, mae'r frenhines yn llai tebygol o fod yn dodwy yn y lloft fêl. Mae'r nyth magu newydd yn fwy tebygol o fod ar dop y pentwr o focsys. Yn y gwanwyn, bydd hi'n bosibl tynnu'r lloft fêl wag a'i gosod uwchben gwahanlen ar ben y bocs magu, yn barod i'w llenwi eto.

gwneud difrod difrifol i'r crwybrau ac weithiau i waith pren y fframiau hefyd. Hefyd, mae cnocellau gwyrdd yn gallu bod yn boendod a byddan nhw'n drilio drwy ochr y cwch i gyrraedd y gwenyn a'r fag sydd y tu mewn. Maen nhw'n gallu drilio drwy focsys pren yn hawdd a dydy bocsys polystyren ddim yn her o gwbl! Mae rhai pobl yn sôn eu bod yn gallu byw wrth ochr yr adar hardd hyn heb gael problem o gwbl, ond dydy hi ddim yn werth mentro, oherwydd mewn tywydd caled byddan nhw'n chwilio am gyflenwadau eraill o fwyd, ac ar ôl iddyn nhw ddysgu sut i fynd i mewn i'ch cychod, fyddan nhw ddim yn hir cyn llwyddo. Yr amddiffyniad gorau yw rhoi caets gwifrau dros y cwch. Mae'r caets yn ei gwneud hi'n anodd i'r cnocellau gael troedle ar y cwch ac felly mae'n eu hatal nhw rhag torri i mewn.

Storio mêl

Ar ôl haf toreithiog, mae angen ichi ystyried beth yw'r ffordd orau o storio'r mêl rydych chi wedi'i gynaeafu i'w gadw yn y cyflwr gorau posibl ac i'w atal rhag difetha. Rydyn ni i gyd wedi clywed straeon am sut mae mêl yn para byth a bod pobl wedi dod o hyd i fêl hollol fwytadwy ar ôl miloedd o flynyddoedd ym mhyramidiau'r Aifft. Wn i ddim pwy wirfoddolodd i brofi'r mêl, ond rwy'n amau ai dyma'r dewis cyntaf i'w roi ar dost!

↓ Mae reffractomedrau ar gael yn gymharol rad drwy'r Rhyngrwyd ac maen nhw'n ddefnyddiol i weld faint o leithder sydd yn eich mêl cyn ichi ei storio.

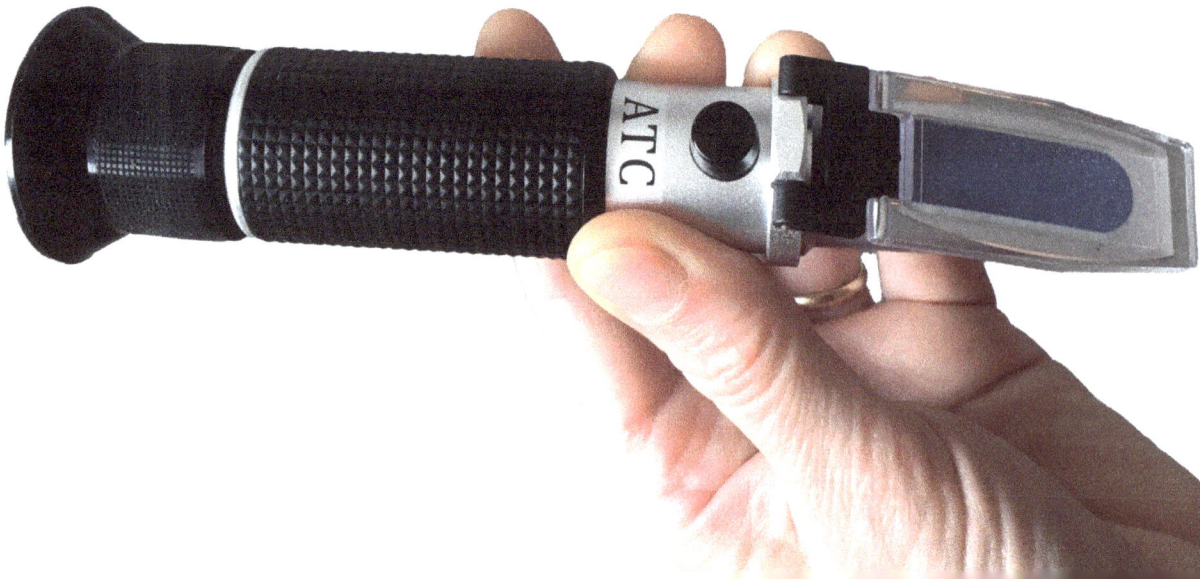

Dydy hi ddim yn anodd storio mêl ond mae angen ychydig o ofal, a dyma'r prif agweddau i'w hystyried:

Lleithder – mae angen i fêl fod â llai na 20% o leithder (17% yn ddelfrydol) i'w atal rhag eplesu. Mae eplesu'n digwydd pan fydd lleithder, tymheredd addas (18-21°C) a burum sy'n digwydd yn naturiol. O ganlyniad i eplesu, daw carbon deuocsid ac alcohol, ac mae'r rhain yn creu mêl sy'n codi allan o'i gynhwysydd gwreiddiol ac nad yw'n addas i'w werthu bellach. Sicrhewch fod cynnwys lleithder y mêl yn gywir pan fyddwch chi'n ei echdynnu. Fel arfer, mae mêl sydd wedi'i gapio o dan y gwenyn yn y fframiau o dan 20% o ran lleithder, ac mae'n bosibl gwirio unrhyw fêl sydd heb ei gapio â reffractomedr neu brawf fflicio syml. Daliwch y ffrâm dros yr hambwrdd tynnu capiau a'i fflicio drwy symud yn gyflym. Os nad yw'r mêl yn aeddfed, bydd yn hedfan allan o'r crwybrau ac os byddwch chi'n ei dynnu, mae'n rhaid ei gadw ar wahân a'i ddefnyddio'n syth.

↑ Storiwch y mêl mewn bwcedi aerglos mewn ystafell oer.

Cynhwysyddion aerglos (*airtight*) – storiwch y mêl mewn cynhwysyddion aerglos, addas i fwyd. Mae mêl yn hygrosgopig, sy'n golygu y bydd yn amsugno dŵr o'r atmosffer. Oherwydd hyn, mae mêl a oedd o dan 20% o leithder pan gafodd ei roi yn y cynhwysydd yn gallu newid yn rhywbeth sy'n dirywio ac yn eplesu.

Tymheredd – bydd mêl yn difetha os bydd mewn tymheredd rhy uchel a dylai gael ei storio mewn amodau oer (10°C) i'w atal rhag eplesu. Peidiwch â synnu os bydd eich mêl yn gronynnu yn y bwcedi neu'r jariau. Mae hon yn broses naturiol sy'n digwydd yn fwyaf cyffredin o gwmpas 14°C. Mae'n bosibl cildroi (*reverse*) y cyflwr gronynnog drwy ei gynhesu'n ofalus ac felly bydd angen gwneud hyn pan fyddwch chi eisiau potelu eich bwcedi o fêl.

11.

Y Wenynfa ym mis Tachwedd

Mae mis Tachwedd yn adeg dawel i'r gwenyn. Efallai bydd ychydig o fwyd ar gael i'w gasglu, fel iorwg y bydd y gwenyn yn manteisio arno ar ddiwrnodau heulog mwyn, ond fel arall mae'r gytref yn dawel. Bydd y gwaith magu wedi dod i ben fwy neu lai, felly bydd llai o ofynion ar y gytref a fydd dim llawer o weithgarwch. Bydd hediadau glanhau (*cleansing flights*) yn digwydd pan fydd yr amodau'n caniatáu, ond heblaw am hynny, mae'n ymddangos nad yw'r gytref yn gwneud rhyw lawer iawn.

Gwenyn y gaeaf

Dechreuodd y gytref baratoi at y gaeaf yn ôl ym mis Awst neu fis Medi drwy gynhyrchu 'gwenyn y gaeaf'. Mae'n hanfodol bod y gwenyn hyn yn gallu goroesi am bum neu chwe mis er mwyn i'r gytref oroesi; dyma'r gwenyn sy'n ysgogi'r gytref i ddechrau gweithio yn nechrau'r gwanwyn. Mae angen i'r gwenyn hyn oroesi misoedd y gaeaf a dechrau magu mor fuan â diwedd mis Ionawr. Dydy'r gytref ddim yn gallu fforddio i'r gwenyn hyn farw cyn i'r gweithwyr newydd ddeor i gymryd drosodd oddi wrthyn nhw.

Felly, beth sy'n wahanol am wenyn y gaeaf? Fel arfer, pan fydd gweithwyr newydd yn deor yn y nyth magu, y peth cyntaf y maen nhw'n ei wneud yw bwyta. Maen nhw'n gwneud eu ffordd at y storau neithdar a phaill sydd o gwmpas ymyl y nyth magu ac ar ôl cael ychydig o siwgr, maen nhw'n mynd am y paill. Mae'r brasterau a'r proteinau yn y paill yn helpu eu chwarennau *hypopharyngeal* a'u cyrff brasterog i ddatblygu. Erbyn y pumed diwrnod, bydd ganddyn nhw chwarennau wedi'u datblygu'n dda, mewn cytref sy'n magu, a fyddai'n eu galluogi i gynhyrchu'r bwyd mag a jeli'r frenhines sy'n ofynnol er

↑ Mae angen amrywiaeth o baill ar wenyn ar diwedd yr haf er mwyn
hybu'r gwaith o gynhyrchu storau braster mewnol. Po fwyaf o lliwiau
a welwch chi yn y crwybrau, mwyaf o amrywiaeth o baill sydd.

mwyn magu larfae. Fodd bynnag, erbyn mis Awst mae'r gytref yn cynhyrchu
llai o fag ac felly does dim rhaid i'r gweithwyr ifanc hyn gael cymaint o fwyd
mag o bell ffordd, felly maen nhw'n storio'r brasterau a'r proteinau yn eu
chwarennau *hypopharyngeal* a'u cyrff brasterog. Eu gallu i storio protein fel hyn
yw'r gyfrinach i'w bywyd hir. Efallai mai dyma'r elicsir ieuenctid rydyn ni i gyd yn
chwilio amdano!

Yn ogystal â bod storau bwyd ganddyn nhw yn eu cyrff, mae cyfraddau
metabolaidd gwenyn y gaeaf yn llawer is oherwydd nad ydyn nhw'n gwneud
llawer mewn gwirionedd. Pan fydd y tymheredd yn syrthio o dan 18°C, bydd
y gwenyn yn dechrau ffurfio clystyrau bach ac wrth i'r tymheredd syrthio hyd
yn oed yn is, mae'r clystyrau hyn yn uno. Pan fydd hi'n 0°C, mae'r clwstwr mor
dynn ag sy'n bosibl gyda haen allanol o wenyn yn dal popeth at ei gilydd yn
dynn. Dydy canol y clwstwr ddim mor dynn, ac mae'r gwenyn yn gallu symud
o gwmpas a bwydo ac, os oes angen, dirgrynu cyhyrau'r adenydd i gynhyrchu

gwres. Maen nhw'n cyfnewid lle â'i gilydd yn rheolaidd er mwyn sicrhau bod gan bawb fynediad at fwyd. Gan nad oes magu'n digwydd, mae'r gytref yn gallu fforddio i dymheredd y nyth magu syrthio, a byddan nhw'n cynnal canol y clwstwr ar ryw 20°C. Mae'n gallu mynd mor isel â 13°C ond bydd tymheredd is yn farwol i'r gwenyn yn yr haen allanol sy'n colli eu gallu i gydio wrth y clwstwr pan fydd yn 8°C.

Felly, ac eithrio hedfan ar ddiwrnodau heulog, mwynach, gallwch chi fod yn dawel eich meddwl bod y diffyg gweithgarwch yn helpu eich cytrefi i oroesi. Gallwch chi wneud i'ch hunan deimlo'n ddefnyddiol drwy fynd i weld nad yw stormydd yr hydref wedi gwneud llanast ac rwyf bob amser yn argymell eich bod chi'n strapio eich cychod i lawr er mwyn bod yn fwy diogel fyth.

Myfyrio ar y tymor

Dyma'r adeg i fwrw trem yn ôl tra mae gweithgareddau, llwyddiannau a methiannau'r tymor yn dal i fod yn gymharol fyw yn eich cof. A ydych chi'n meddwl bod eich dulliau rheoli heidiau'n llwyddiannus? A lwyddoch chi

i adnabod yr arwyddion yn ddigon cynnar a gweithredu cyn i'r heidiau ymddangos, neu a oeddech chi'n mynd i banig bob tro roeddech chi'n ymweld â'r wenynfa? Meddyliwch am y mannau hynny yn y broses lle nad oedd pethau'n gweithio'n berffaith a chymerwch amser i ddarllen am ddulliau gwahanol, er mwyn gweld a fyddan nhw'n fwy addas i'ch ffordd chi o wenyna.

A wnaethoch chi roi cynnig ar fagu breninesau eleni? Beth oedd eich cyfradd llwyddiant? A oedd y gwenynfeydd yn amrywio o ran llwyddiant y paru? Ystyriwch lle cododd y problemau fel y gallwch chi roi sylw ychwanegol i hynny y flwyddyn nesaf. Allwn ni ddim beio'r tywydd bob amser am ganlyniadau gwael wrth fagu breninesau. Yn aml efallai mai dewis y larfae anghywir oedd ar fai wrth impio (*grafting*), neu efallai fod angen i'r cnewyll paru (*mating nucs*) fod yn gryfach.

Amser i ddysgu sgiliau newydd

Mae rhywbeth newydd i'w ddysgu o hyd wrth wenyna a llawer o grefftau cysylltiedig i roi cynnig arnyn nhw. Dyna pam mae cadw gwenyn yn rhoi cymaint o foddhad a byddwn i'n annog pawb yn frwd i roi cynnig ar rywbeth newydd. Mae digon o gyrsiau ar gael drwy amrywiaeth o ddarparwyr, o bynciau technegol fel magu breninesau, yr holl ffordd i grefftau newydd fel gwneud cosmetigau. Efallai y dewch chi o hyd i sgiliau cudd ac mae'n anodd gwybod i ble y gallai hynny arwain!

↑ Cadwch lygad am y cyrsiau hyfforddi. Maen nhw'n ffordd wych o ddysgu sgiliau newydd ac o gwrdd â gwenynwyr eraill sy'n ymddiddori mewn pethau tebyg.

← Mae dysgu sgilliau newydd fel magu breninesau'n rhoi llawer o foddhad a bydd yn rhoi mwy na digon o freninesau ichi.

Bwydo ar iorwg

Mae'r gwenyn yn gallu dal i fwydo ar iorwg yn hwyr yn yr hydref. Mae blas cryf ar y mêl sy'n cael ei gynhyrchu o iorwg, dydy e ddim at ddant pawb ac mae'r rhan fwyaf o bobl yn ei adael gyda'r gwenyn. Mae mêl iorwg yn gronynnu (*granulate*) i gynhyrchu crisialau caled sydd, yn ôl rhai pobl, yn anodd i'r gwenyn eu defnyddio yn y gaeaf ac awgrymir bod hyn yn gallu arwain at lwgu. Dydw i ddim wedi cael profiad o hyn, felly rydw i bob amser yn hapus wrth weld y gwenyn yn manteisio i'r eithaf ar y ffynhonnell fwyd hon. Mae llawer o bryfed eraill yr un mor hapus i fwydo ar flodau'r iorwg ac felly mae'n lleoliad delfrydol i gadw llygad am gacwn Asia. Byddan nhw'n hofran ar hyd ardaloedd o iorwg gan ysglyfaethu ar yr holl bryfed sy'n bwydo yno.

↑ Efallai bydd y gwenyn yn dal i fwydo ar iorwg ar ddiwedd yr hydref.

12.

Y Wenynfa ym mis Rhagfyr

Mae dyddiau oer y gaeaf yn golygu nad oes llawer o weithgarwch yn y wenynfa, ond wrth gwrs, cewch chi fwynhad o hyd wrth weld eich gwenyn yn hedfan ar ddyddiau heulog, mwynach. Dyma adeg dda i edrych ar gelfi'r wenynfa i weld a oes angen rhywbeth newydd. Wrth hyn, rwy'n golygu standiau'r cychod yn fwyaf arbennig, a all fod wedi'u treulio. Pan nad yw'r gwenyn mor weithgar, gallwch chi dynnu'r cychod oddi ar y standiau a gwneud unrhyw waith cywiro cyn eu rhoi nhw'n ôl. Hefyd gwnewch yn siŵr bod y standiau'n wastad a chywirwch unrhyw broblemau. Mae tyrchod daear a chwningod yn aml yn achosi problemau wrth balu, fel bod y standiau'n mynd yn ansefydlog.

→ Edrychwch dros y cychod yn rheolaidd i sicrhau y byddan nhw'n gallu gwrthsefyll y tywydd.

Trin Varroa yn y gaeaf

Efallai bydd hi'n ymddangos nad oes dim i'w wneud yn y wenynfa'r mis hwn, ond dyma'r adeg orau i drin eich gwenyn am blâu Varroa. Pan fydd y gytref heb fag, bydd y gwiddon i gyd ar y gwenyn yn hytrach na'u bod nhw'n cuddio mewn celloedd wedi'u selio, felly bydd unrhyw driniaeth yn llawer mwy effeithiol. Y driniaeth i'w defnyddio'r adeg hon o'r flwyddyn yw asid ocsalig naill ai gan ddefnyddio'r dull diferu (*trickle*) neu'r dull sychdarthu (*sublimation*). Mae'r grŵp ymchwil yn Labordy Gwenynyddiaeth a Phryfed Cymdeithasol, Prifysgol Sussex (*Laboratory of Apiculture and Social Insects (LASI)*) wedi gwneud gwaith trylwyr iawn ar hyn, lle maen nhw wedi archwilio'r ddau ddull hyn i weld pa un yw'r mwyaf effeithiol (http://www.sussex.ac.uk/lasi/sussexplan/varroamites).

↑ Defnyddio dull sychdarthu (*sublimation*) i drin y gytref am Varroa.

↑ Gosod bwrdd gydag anweddydd (*vapouriser*) a chrisialau asid ocsalig o dan lawr y cwch.

Gwelon nhw nad yw asid ocsalig yn gallu treiddio drwy gapiau wedi'u selio felly mae angen i'r triniaethau hyn gael eu gwneud yn ystod cyfnod heb fag. Er syndod, mae'n gallu bod yn anodd cael cyfnod heb fag, ac efallai y bydd angen ichi grafu'n agored unrhyw ddarnau bach o fag sydd ynghanol y nyth magu. Mae'n teimlo'n anghywir ein bod ni'n agor ein cytrefi ym mis Rhagfyr i weld a oes mag wedi'i selio, ond gwelodd tîm LASI nad oedd hyn yn cael effaith andwyol ar y gytref a bod modd gwneud hyn yn gyflym iawn.

Gwelwyd mai defnyddio'r dull sychdarthu oedd fwyaf effeithiol gyda 97.6% o'r gwiddon wedi'u lladd o'i gymharu ag ychydig dros 93% gyda'r dull diferu. Gyda'r dull sychdarthu, os byddwch chi'n rhoi triniaeth arall bythefnos yn ddiweddarach, mae canran y gwiddon sy'n cael eu lladd bron yn 100. At hynny, gwelon nhw pan fyddwch chi'n llwyddo i gyrraedd y lefel hon o reolaeth, fod y rheolaeth yn para dros flwyddyn. Mae goblygiadau hyn yn arwyddocaol oherwydd os defnyddiwch chi'r dull rheoli hwn yn gywir, dim ond unwaith y flwyddyn y bydd angen ichi drin eich gwenyn. I mi, mae'n well gwneud hyn gan ei fod nid yn unig yn costio llai ond mae hefyd yn lleihau faint o gemegion sy'n cael eu defnyddio ar y gytref. Hefyd mae'n ddefnyddiol wrth fynd â gwenyn at y grug oherwydd nad oes angen ichi boeni am ruthro i drin ar ôl iddyn nhw ddychwelyd, yn hytrach mae modd gwneud hynny ym mis Rhagfyr.

Mae asid ocsalig yn gemegyn peryglus a dylech ei ddefnyddio'n ofalus gan wisgo'r offer amddiffyn personol cywir. Mae hyn yn berthnasol os ydych chi'n defnyddio'r dull diferu neu'r dull sychdarthu. Gyda'r dull sychdarthu, mae'r perygl yn dod o fewnanadlu'r anwedd a gyda'r dull diferu mae angen bod yn ofalus wrth drin yr asid.

Anrhegion Nadolig

Y peth mwyaf cyffrous am fis Rhagfyr yw'r Nadolig! Rwy'n gweld bod gadael nodiadau 'post-it' strategol o gwmpas y tŷ yn gweithio'n dda er mwyn sicrhau bod ychydig o anrhegion rwy'n falch o'u cael nhw o dan y goeden! Does dim diwedd i'r amrywiaeth o gyfarpar newydd sydd ar gael i wenynwyr, rhai'n fwy defnyddiol nag eraill, a beth allai fod yn fwy o hwyl yn nyfnder y gaeaf na chael eich atgoffa o'r tymor newydd i ddod? Hefyd mae llyfrau'n ymddangos yn rheolaidd ar fy nodiadau 'post-it'. Mae digon i ddewis o'u plith nhw, felly fy awgrym fyddai meddwl am faes yr hoffech chi ei wella ac edrych i weld pa lyfrau sydd ar gael. Er enghraifft, mae llyfrau da ar gael am blâu a chlefydau gwenyn gyda theitlau gwahanol wedi'u hanelu at y lefelau profiad gwahanol.

Efallai yr hoffech chi wella eich gwybodaeth dros y gaeaf drwy ddarllen eich llyfrau newydd a beth am roi cynnig ar baratoi at un o'r asesiadau neu fodiwlau sydd ar gael, e.e. trwy'r BBKA. Os mai hwn fydd eich modiwl cyntaf, byddwn i'n argymell gwneud Modiwl 1. Does dim rhaid eu gwneud modiwlau BBKA yn eu trefn, ond mae Modiwl 1 yn dilyn yn dda o'r Asesiad Sylfaenol a bydd y rhan fwyaf o'r wybodaeth sydd ei hangen yn gyfarwydd ichi os ydych chi wedi cadw gwenyn am dymor neu ddau. Mae llawer o bobl yn cadw draw o'r asesiadau gan ddweud nad ydyn nhw'n hoffi arholiadau, ond gallaf ddweud yn onest bod yr holl broses yn rhoi boddhad anhygoel ac os gweithiwch chi eich ffordd drwy un neu ragor o'r modiwlau, byddwch chi'n dysgu cymaint o wybodaeth newydd a fydd o fudd mawr i'ch gwenyna. Does dim un ohonon ni'n hoffi pwysau arholiadau ond meddyliwch am y darlun ehangach a mwynhewch y broses o ddysgu rhagor am wenyn. Mae rhagor o wybodaeth ar wefan BBKA a hefyd mae'n werth gofyn i bobl yn eich cymdeithas a oes cefnogaeth ar gael, oherwydd mae gan rai grwpiau astudio yn benodol er mwyn helpu pobl drwy'r asesiadau.

Adnabod yr awdur

Lynfa Davies, Meistr mewn Gwenyna, NDB

Mae Lynfa'n cadw gwenyn gyda Rob, ei gŵr, ers 2005. Yn ystod y cyfnod hwn mae hi wedi gwneud nifer o swyddi gyda Chymdeithas Gwenynwyr Cymru (CGC) gan gynnwys bod yn Ysgrifennydd Cyffredinol ac yn Ysgrifennydd Arholiadau. Ar hyn o bryd mae hi'n aelod o'r Pwyllgor Dysgu a Datblygiad ac mae hi'n ymwneud â datblygu a chyflwyno cyrsiau a gweithdai i wenynwyr ledled Cymru.

Mae dysgu sgiliau newydd wedi bod yn gymhelliad i Lynfa erioed. Pan sylweddolodd fod amrywiaeth o gyfleoedd i ddatblygu ei sgiliau gwenyna, dechreuodd ddilyn y llwybr i ennill cymwysterau gwenyna drwy CGC, BBKA a'r Diploma Cenedlaethol mewn Gwenyna (*National Diploma in Beekeeping (NDB)*). Mae Lynfa'n cofio'n glir pa mor ofnus oedd hi pan safodd ei Hasesiad Sylfaenol o dan lygaid craff y ddiweddar Pam Gregory. Bu'n eiliad dyngedfennol, a gydag anogaeth enfawr gan Pam, gweithiodd Lynfa ei ffordd drwy'r arholiadau a'r asesiadau, gan ddod yn Feistr mewn Gwenyna yn 2015. Ond nid dyna ddiwedd y daith, gan iddi ddal ati i astudio ar gyfer y NDB a ddyfarnwyd iddi yn 2019. Amlygodd ei thaith i Lynfa pa mor bwysig yw gallu cael gafael ar gyrsiau hyfforddiant o ansawdd dda. Heb y rhain, mae hi'n credu na fyddai hi wedi gallu llwyddo.

Ar hyn o bryd, mae Lynfa'n cadw tua 30 o gychod y mae hi'n eu rheoli i gynhyrchu mêl. Mae hi'n magu ei breninesau ei hun, sy'n gost effeithiol iawn, ond hefyd yn rhoi boddhad enfawr iddi. Mae hi'n disgrifio ei gwenyn fel rhai sydd wedi'u haddasu'n lleol; mae hyn yn bwysig iddi mewn ardal sy'n gallu bod yn eithaf heriol oherwydd bod cymaint o law.

Er bod gwenyna'n sicr yn cymryd digon o'i hamser, mae Lynfa hefyd yn mwynhau beicio, cerdded, garddio, a bod yn yr awyr agored yn gwylio byd natur. Mae ei gardd yn anniben tost ac mae hi'n cyfiawnhau hyn oherwydd ei gwerth i fyd natur ac i'w gwenyn hi!

Mae Lynfa'n cydnabod sut mae ei diddordeb mewn planhigion a pheillwyr eraill wedi datblygu ers iddi ddod yn wenynwr. Dim ond planhigion sy'n gyfeillgar i wenyn sy'n cael eu plannu yn yr ardd ac mae sôn ei bod hi hyd yn oed yn gadael i gennin yn yr ardd lysiau flodeuo oherwydd bod y gwenyn yn dwlu arnyn nhw!

Cyfieithiad gan Elin Meek

63

www.ingramcontent.com/pod-product-compliance
Lightning Source LLC
Chambersburg PA
CBHW040154200326
41521CB00019B/2605